U0350592

步印童书馆
Little Stepbooks

书是捧在手里的梦想

我的第一本财富启蒙书

[美]乔治·克拉森 著　陈玮 编译

刘兰峰 绘

新世界出版社
NEW WORLD PRESS

给富足人生投下第一枚硬币

　　我们往往会为了一次近在眼前的旅行精心准备，爸爸的剃须刀，妈妈的粉底霜，宝贝儿的邦尼兔……从住宿到出行，列出一长串攻略，然后据此实施，收获一趟幸福满满的精致旅程。然而，可能很少有人想过，对于漫长的人生旅程来说，要做一份怎样的攻略，才会收获富足、美满呢？

　　你正在翻阅的这本书，就是我们给大家准备的一份循序渐进的富足人生攻略。

　　尽管经济学家们已经整理出一套一套所谓的致富理论，可理论总是抽象和晦涩的，很少会有人爱看，于是，本书作者讲了一个故事，一个古巴比伦富翁阿卡德白手起家、发财致富的故事。与许多发了财的人不同，阿卡德很愿意将自己的成功经验与大家分享。他将这些经验归纳成简单易学的十个法则，自然融入自己的经历当中，我们读着他的故事就掌握了拥有富足人生的秘诀。

这个故事看起来有些长，但是没有人会嫌好玩的故事长。书中的每一个人物，都有自己独特的经历和性格，有些像极了我们身边的人：阿卡德那个屡屡投资失败的儿子、明知姐夫不靠谱可又不好意思拒绝借钱给他的拉尔森、见到债主恨不得找条地缝钻进去的达尔德……这些好玩儿的人和事，我们在现实生活中总能看到或听到，丝毫不会有陌生感。书中的大量人物对话和精彩比喻，稀释了"大道理"的枯燥乏味，再加上幽默诙谐的插图及时不时跳出来的、具有高度概括性的表格和金句，把这些致富法则变得简单又有趣，让人不知不觉间已然领会了作者的主要思想。

　　故事中的致富法则读来都很简单，越简单也就越容易实践。比如讲如何摆脱贫穷，会举那些努力工作但钱包却一直干瘪的古巴比伦人为例，他们跟我们身边常见的"月光族""穷忙族""剁手党"何其相似——都是因为分不清"必要花费"和"欲望"二者的区别，任性地买买买，最终陷入财务危机。作者一针见血地指出这些问题的原因就在于他们愿意支付一切，却不愿意支付自己。接着再给出解决问题的方法：要自律，把收入的十分之一先支付给自己，不要轻易动用储蓄，钱包就能慢慢鼓起来。

再比如讲如何投资，富翁阿卡德现身说法，讲述了自己把钱交给一个砖瓦匠去做珠宝生意、最后血本无归的惨痛经历。他吸取的教训是：一定要和在自己将要进行投资的领域里具有丰富经验的人商量，这样不但可以获得免费的忠告，还可能获得一个带给自己利润的投资机会……从摆脱贫穷到财富增值，再到拥有无尽财富，这十条简单有效的法则为我们清晰地描绘了一幅通往富足人生的路线图。

　　管理财富是一种能力，当我们没有掌握这种能力时，会觉得它非常神秘，非常难以获得，但是当我们遵照书中的致富法则一步步坚持做下去，把理财变成一种像每天洗脸刷牙一样的习惯时，你就会发现一切都变得很简单。现在就行动，为你的富足人生投下第一枚硬币吧。

目 录

渴望财富的人们

People hungry for wealth

引子一

在古代伟大的巴比伦，住着一位名叫班瑟的车匠，他完全靠着祖传下来的手艺过活。同许许多多的自由人一样，班瑟勤劳而善良；但是，也同许许多多的自由人一样，班瑟一直过着清贫的生活。即便如此，许多年来，他一直觉得自己是幸福的。不是吗？有漂亮贤惠的妻子照顾自己，一天忙碌下来，坐在自己简陋却也舒适的矮房前，看着夕阳慢慢地在远方那一望无际的沙漠落下，欣赏着"大漠孤烟直，长河落日圆"的美景，还可以不时闻到从幼发拉底河飘来的阵阵清香。每当这个时候，班瑟心中就会产生一种说不出的舒坦。虽然他偶尔也会感到一丝丝的惆怅，那是当他看到富人们华丽的车队经过自家门前时产生的情绪；但是我们的班瑟是个聪明人，他知道那是不属于自己的世界，他可不想让那种东西来破坏自己平静、闲适的生活。

但是，突然有一天，班瑟的这种幸福生活被打乱了。"这一定是神对我的折磨，"他对自己的朋友、巴比伦最出色的琴师库比说道，"一切都起因于前天晚上那个让人又爱又恨的梦。在梦中，我成了一个富甲一方的有钱人，腰带上挂着沉甸甸的钱包，里面装的是满满一袋金币。我成了它们的主人，可以随心所欲地使唤它们，我为妻子和自己买了好多好东西；还慷慨地向乞丐施舍，体会那种让人羡慕的尊严。总之，我简直想要什么就有什么。花钱的时候，我一点也不用担心自己的将来。库比，我亲爱的朋友，虽然我以前好像也觉得自己过得很幸福，但我不得不说，直到那天在梦中，我才真正感受到了什么是满足和快乐。那时，你根本认不出我就是你从前那个只有拼命工作才能勉强养活自己的穷车匠朋友；你也一定认不出

一天忙碌下来，车匠班瑟舒坦地坐在家门口休息。当他看到富人们华丽的车队经过自家门前时，心中偶尔也会涌起一丝丝的惆怅，不过，班瑟是个聪明人，他知道那不属于自己的世界，他可不想让那种东西破坏自己平静、闲适的生活。

我的妻子了，她脸上再也没有因劳累过度而留下的痕迹，永远像新娘一样漂亮。"

"啊，太美妙了，这真是一个让人感到兴奋的梦。"库比说道。

"可不是吗！正因为它太美妙了，所以当我醒来之后感到无比沮丧。睁开眼一看，沉甸甸的钱包不见了，金碧辉煌、像宫殿一样的房子消失了，再看看自己身边，家徒四壁，腰间的钱包里空空如也。曾经在我眼前展现过的那个美妙、惬意、自由自在的世界离我远去了。你可以想象得到，当时我的情绪糟透了。我再也无法忘记这一切，我觉得这是神的旨意，他让我看清了自己以前的愚蠢。我得好好考虑考虑这个问题。"

虽然我也觉得自己过得很幸福，但我不得不说，直到那天在梦中，我才真正感受到了什么是满足和快乐。那时，你根本认不出我是个穷车匠；也一定认不出我的妻子了，她脸上没有因劳累过度而留下的痕迹，永远像新娘一样漂亮。

"你想想看，我的朋友，"班瑟继续对库比说，"我们年轻的时候，都到祭司那里去学习过，一生都对神怀着一颗虔诚的心。我们每天辛勤地工作着，可是到头来，为什么我们只要每天能吃上酸羊奶和稀粥就感到欣慰，而不能让山珍海味那迷人的芬芳长时间地弥漫在我们的房间里呢？为什么我们就不能享受财富带来的醉人的快乐呢？我

我们生活在世界上最富有的城市里，在我们周围到处都充满着令人目眩的财富，为什么我们却要长年累月地忍受贫穷的折磨呢？为什么我就不能享受到财富带来的醉人芬芳？

们生活在世界上最富有的城市里，在我们周围到处都充满着令人目眩的财富，为什么我们却要长年累月地忍受贫穷的折磨呢？我到底是出了什么问题呢？"

"是啊，要是我们能成为有钱人，该有多好啊！"库比感慨道。

"真奇怪，我以前怎么就没这样想过呢？我从清晨一直劳作到太阳下山，努力造出巴比伦最好的车子来，我一直虔诚地相信只要我这样努力做下去，总有一天神会顾及到我，赐予我财富。可是，这么多年来，我的愿望从来没有实现过，现在我明白了，他们永远也

不会这样做。你也是，我可怜的库比，你是巴比伦最优秀的琴师，可是你却连一把像样的琴都买不起，只能眼巴巴地、远远地看着富人过着自由幸福的生活。我们这个样子，和那些为国王修城墙的奴隶又有什么两样呢？为了维持自己和家人的生存，我们成了金钱的奴隶。我亲爱的朋友，我们再也不能这样等下去了，我们要改变这一切，我们要成为有钱人！要拥有土地、羊群、锦衣玉食和鼓胀的钱包。"

"对，你说得多有道理啊！我和你一样对现在的生活不满足，我每天不得不精心地盘算如何才能让家人不至于挨饿。我做梦都希望自己能够拥有一把上好的七弦琴，弹出时常萦（yíng）绕在我心头的动人的旋律。有了它，我能够弹出连国王都没听到过的美妙音乐。为什么我们以前没有这样想过呢？"

"我现在明白了，我们以前之所以贫穷，是因为我们根本没有主动去寻找过财富。"

"是啊！以前愚昧遮蔽了我们的心灵，而神用这个梦把我们唤醒了。"

"不过，说是这样说，我们该到哪儿去寻找财富呢？那些诱人的金灿灿的金币都藏在什么地方呢？"库比又发愁了。

"这其中肯定有什么诀窍。我们要想办法找到它们。"班瑟坚定地说道。

"啊，对了，我想起了阿卡德，我们的老朋友，刚才我还在街上碰到过他呢。他现在可是巴比伦最富有的人啦。要不我们向他去取取经，他原来不是和我们一样贫穷吗？而且，他不像其他富人那样

我们以前之所以贫穷，是因为我们根本没有主动去寻找过财富。

骄横自大，他的慈善和他的财富一样享有盛名。"

"这真是个好主意，他肯定深谙（ān）致富之道，听说国王都准备把他请进皇宫，向他咨询这方面的知识呢。向人请教又不要花什么钱。让我们一起去拜访一下伟大的阿卡德吧。"

被贫穷所困并想改变这种状况的人除了班瑟和库比之外，还有英明的萨尔贡这位巴比伦伟大的国王。当然，他并不是为自己担心，他永远是那么富有。这位人类历史上最伟大的君主之一刚刚击败了他最强大的一个对手，正意气风发、踌躇满志地为实现富民强国的宏伟目标而努力，他要让巴比伦成为世界上最富有的城市。他深知民富才能国富，民强才能国强的道理，因此当他看到自己国家的大多数子民还生活在贫困之中时，整天坐立不安。这一天，他把自己的大臣召集起来

为什么财富全都跑到他身上去了？是因为他通晓赚钱的法则，而大多数人则缺少赚钱的基本知识。

商量对策。

"长时期以来，我们国家一直国泰民安，政通人和，可是为什么还有这么多人仍然生活在贫困之中呢？"

"陛下，"一位大臣说道，"在过去许多年里，承蒙陛下兴建了许多伟大的灌溉系统和宏伟的神庙，人们可以从中获利，为百姓带来多年的繁荣，他们的生活十分富足。如今，随着这些工程的陆续完工，人民没有了别的谋生途径。很多人失去了工作，商人的生意也因此冷清下来了。农民们辛辛苦苦生产出来的产品也卖不出去，因为人们没有足够的钱去购买食物。"

"那么，我们当时兴建这些工程的花费都到哪里去了呢？"国王问道。

"那些财富可能都已经流进了城里少数几个巨富的腰包中了，"大臣回答道，"这些财富就像山羊奶经过过滤网一样从人们的手里消失了。到如今，金币既然已经停止了流通，原来的钱在日常生活中花掉了，又没有别的地方可以挣到钱，因此，大多数人都没钱了。"

国王沉思良久问道："为什么那些财富会集中到少数几个富人手上去呢？"

"因为他们熟知赚钱的办法，"大臣回答道，"人们是不会因为一个人知道如何成功赚钱而怪罪他的，而且任何一个公正的官员都不会平白无故地夺走人们通过诚实劳动所得到的财富，去接济那些赚不着钱的人。"

"那么，"国王问道，"为什么不让所有的人都学会赚钱，让每个人都富起来呢？"

"这的确是个好主意，陛下。但问题是让谁来教他们呢？我们当
然不能寄希望于那些祭司，因为他们压根就不知道怎样赚钱。"

　　"谁是我们国家最懂得赚钱的人呢？"国王接着问道。

　　"您的问题本身就包含了答案，陛下。因为这就等于问谁是巴比

在创业之初，除了渴望拥有财富的强烈愿望外，我别无所依。

伦最富有的人。"

"说得好，我能干的大臣。这个人只能是阿卡德，据说他是巴比伦最富有的人。快把他召来见我。"

第二天，70 岁高龄的阿卡德精神抖擞地奉命前来觐（jìn）见国王。

"阿卡德，"国王问道，"你真的是巴比伦最富有的人吗？"

"人们都是这样说的，陛下，而且也没有人对此表示过怀疑。"

"你是怎么变得如此富有的呢？"

"我只不过是抓住并利用了我们这座城市给予每个居民的机会。"

"这就奇怪了，难道你开始和其他人比起来没有什么其他优势吗？"

"在创业之初，除了渴望拥有财富的强烈愿望外，我别无所依。"

"很好，阿卡德，"国王继续说道，"现在，我们的城市中只有极少数的人知道如何赚钱，并积聚了大量的财富，而大多数人正处在非常不幸的境遇之中，因为他们缺少赚钱的基本知识。"

"让巴比伦成为世界上最富有的国家是我毕生的愿望，要实现这一点我就必须拥有许多富足的人民。所以我们必须教会所有的人怎样走上致富之道。告诉我，阿卡德，赚钱有什么诀窍吗？这些诀窍能够传授给他人吗？"

"当然能，陛下，一个人所知道的东西自然可以传授给他人。"

国王的眼睛不禁一亮："阿卡德，你的话正合我意。你能否承担起这项重任呢？你是否愿意把你的致富之道传授给一些人，然后再让他们把这些真理传授给我所有的人民？"

"阿卡德，赚钱有什么诀窍吗？这些诀窍能够传授给他人吗？""当然能，陛下，一个人所知道的东西自然可以传授给他人。"

阿卡德向国王深深地鞠了一躬，说道："我是您谦卑的仆人，愿意听从您的命令。我很乐意把我所知道的一切献给尊贵的陛下和同胞们。请让您的大臣安排一个100人的课堂，我将把让我富起来的10个诀窍传授给他们，这样就可以让巴比伦人不再为自己钱包的干瘪（biě）而发愁了。"

巴比伦最富有的人

The richest man in Babylon

引子二

两个星期后，根据国王的命令，100 名被选中的听讲者聚集在神庙的大厅里，其中就有我们熟悉的，正在为自己的处境不满而想有所改变的班瑟和库比，大家围成一个半圆坐在阿卡德前面。阿卡德则坐在一个小桌子旁，桌上放着一只热腾腾的用来献祭用的羊羔，正散发出一种奇异的香气。

"看啊，他就是巴比伦最富有的人，"下面的学生们低声议论着，"看起来，他和我们没有什么两样，也没见他长什么三头六臂。"

阿卡德看了看他的那些如饥似渴的学生们，开始说道：

"承蒙国王重托，作为我们伟大国王的一名忠实的臣民，我很荣幸现在站在这里为他服务。因为我和大家一样曾经是一个梦想得到金子的贫穷少年，后来由于掌握了那些如何获得财富的智慧而被大家称为富人，所以国王让我把自己的知识传授给你们。在开始我们的讲课之前，我想先花点时间回顾一下我自己的经历。"

看啊，他就是巴比伦最富有的人，看起来和我们也没有什么两样啊。

我是从最贫困的境地走向发财致富的。正如班瑟所说的那样，我没有任何优越之处，最多也只能说是和巴比伦的每一位居民一样享受着快乐的生活。

"这太好了，"班瑟说道，"可以说**我们曾经是在同一个起跑线上的**，我们一起跟随同一个老师学习，做一样的游戏，不论学习还是游戏，你都并不比我们出色。而且在毕业以后的很长时间里，**你也是和我们一样的泛泛之辈**。而且据我所知，工作起来你也未必比我们更加勤奋和诚恳。**然而，**为什么那无常的命运独独垂青于你，让

财富就是力量和一种永恒的诱惑，有了它，自己的梦想就可以变成现实。

你得以享受荣华富贵。现在，你成了全巴比伦最富有的人，**而我们却还在为生存苦苦挣扎**。你可以穿最好的衣服，享受奇珍美食，而我们辛辛苦苦才能维持家人的温饱。由于我们的起点是一样的，所以没有什么比你的经验更能说服人的东西了。"

"你的话很直率，我亲爱的班瑟，不过的确如此，我是从最贫困的境地走向发财致富的。正如班瑟所说的那样，我没有任何优越之处，最多也只能说是和巴比伦的每一个居民一样享受着快乐的生活。"

阿卡德继续说道：

"在我年轻的时候，发现周围到处都是能够给人带来快乐和满足的好东西。我意识到财富可以提高人们获得这些东西的能力。

"财富就是力量和一种永恒的诱惑，有了它，许多梦想就可以变成现实。

"因为有了财富，人们可以用最好的家具布置自己的家。

"人们可以遨游四海。

"人们可以尽享各种山珍海味。

"人们可以购买精美的金器和宝石作饰物。

"人们甚至可以为众神修建富丽堂皇的神庙。

"有了财富，人们就可以让上面的一切变为现实，还可以做其他许许多多可以满足你的感官、愉悦你的心灵的事情。

"当我意识到了这些之后，就下定决心要努力挣得生活中属于我自己的那一份幸福和快乐。**我可不想成为一个只能远远地站在一边，眼巴巴地羡慕别人过着好日子的旁观者，也不会让自己穿着破旧的衣服而知足常乐，我可不甘愿穷苦一辈子。我要成为人生这一丰盛的宴席上的贵客，我要成为一个富有的人。**现在回想起来，当时的这种愿望非常重要，没有这种想法，我也许就和大家一样，泯（mǐn）然众人矣。

"在座的许多人可能都知道，我原本只是一个小商人的儿子，家里兄弟姐妹又多，因此我根本没有希望通过继承得到财产。而且，正如你们刚才所说的那样，我也没有什么天生的超人能力和智慧。所以，我知道要想让自己的梦想变成现实，在赚钱上花时间学习是

我要成为人生这一丰盛的宴席上的贵客,
我要成为一个富有的人。

必不可少的。

"说到时间，所有的人都是富翁。每个人本来都有足够的时间可以富足起来，但你们却让它白白浪费掉了。到现在，你们不得不承认，除了家庭幸福美满之外，你们没有任何可以为之骄傲的东西。

"关于学习，我们那些睿智的老师不是曾经教导过我们，学习分两种：一种是温习我们已经认识到的东西；另一种则是学会如何去发现我们不知道的东西。我觉得后一种对我来说更为重要。同现在的大家一样，那时我一点都不知道财富藏在什么地方。

"因此，我决定去找到积累财富之道，然后再全力践行。既然我们死后，黑暗就会笼罩我们，那么现在尽情享受生活中灿烂的阳光无疑是明智之举。

"我在记录大厅里找到了一份记录员的工作，从此开始了我每天长时间在泥石板上辛苦刻画的工作。日复一日，年复一年，我辛勤地工作着，但到头来，却几乎没有存下什么钱。吃喝拉撒睡、敬神，还有其他一些我已忘记的事情几乎花去了我所有的收入。"

"这不正和我们一样吗？"学生中有人这样说道，"那么，后来呢？当时，你和我们一样无助吗？"

阿卡德回答道：

"我的确感到过烦恼。但是我想实现自己梦想的决心并没有动摇过，我仍然在继续寻找着。这一点很重要。

"就在这时，机会来了，**大家一定要记住，幸运女神是不会忘记那些不懈努力的人的。**

"一天，高利贷商人阿尔加美什来到城市长官那里预订一套《第

九法令 》，他对我说：'如果你能在两天时间内完成的话，我就给你两个铜板。'

"于是我开始拼命工作，但是那部法令实在太长了，当阿尔加美什两天后来取货时，我还没能把它刻完。对此他很生气，如果我是他的奴隶，他一定会对我大打出手。不过，我知道城市长官不会允许他伤害我，所以我一点儿也不

如果你能在两天时间内完成的话，我就给你两个铜板。

害怕。我对他说：'阿尔加美什先生，你是个很有钱的人。如果你肯告诉我如何才能变得和你一样富有，我就一定连夜刻好这些泥石板，保证在明天太阳升起的时候交给你。'

"他笑着回答道：'你还真是个不错的小无赖，好吧，我们就这样说定了。'

"大家一定记住：虚心向人请教是不要花什么钱的，相反这样还会赢得他人的好感，因为人们总是喜欢那些虚心好问的人。

"那天夜里我干了一整晚，累得腰酸背疼，直到眼睛几乎看不见

东西，油灯灯芯散发的气味呛得我头昏脑胀。不过还好，到第二天清晨他来取货的时候，所有的泥石板都已经刻好了。

"我对他说：'这下该轮到你兑现你的诺言了。'

"'你已经实现了你的诺言，我的孩子，'他和善地对我说，'所以我也将实现我的诺言。我会把你想知道的一切都告诉你，因为我老了，上年纪的人总喜欢唠唠叨叨，把自己多年积累的智慧传授给前来求教的年轻人。但是年轻人常常会以为我们的智慧都是些过时的老把戏，对现在一点用处也没有。不过，可别忘了，今天的太阳和你的父辈出生时的太阳是一样的，而且当你最后一个子孙归土时，照耀大地的还是同一个太阳。'

"'年轻人的智慧，'他继续说道，'就像明亮的流星划过天际，而老人的智慧则如同恒星发出永恒的光芒，成为指引水手们夜航的方向标。'

"'仔细听好我说的每一句话，不然你就会无法理解，还以为你通宵达旦地辛勤工作只是白费工夫。'然后，他用

年轻人的智慧像明亮的流星划过天际，而老人的智慧则如同恒星发出永恒的光芒，成为指引水手们夜航的方向标。

如果你把每次得到的工钱的十分之一留给自己，算一算，10 年后你会有多少钱?

长长的眉毛下那双精明的眼睛看着我，用低沉而有力的声音说：'当我决定把我收入的一部分留给我自己的时候，我就找到了致富之路。你如果想致富，也得和我一样。'

"接着，他又用那仿佛能够穿透我的目光看着我，没有再说什么。

"'就这些?'我问道。

"'这就足以让一个牧羊人变成高利贷商人。'他回答道。

"'是把我所有的收入都留下来吗?'我问。

"'当然不是,'他回答道,'你不用给裁缝、鞋匠付钱了吗?不用花钱买吃的吗?你想一分钱都不花就住在巴比伦吗?你上个月的工钱都到哪儿去了?去年的呢?小傻瓜!你向所有的人付钱,却独独没付给你自己。你这个笨蛋,你一直在为别人辛苦工作,为了得到那一点儿吃穿,像奴隶一样给你的主人干活。如果你把每次得到的工钱的十分之一留给自己,10年后你会有多少钱?'

"这点账我还会算,我立刻回答道:'相当于我一年的收入。'

"'你只说对了一半,'他反驳道,'你存下来的每一个金币都是能为你效劳的奴隶。它能为你带来铜板,而这些铜板又能为你挣更多的钱。如果你想变得富有,那么就必须用你的积蓄再不断地去赚钱,这样你的财富才能越来越多,不断增长。'

"'你以为我在用谎话换取你整夜的工作,'他继续说道,'假如你足够聪明,能抓住我这些话中的真理,就可以得到千百倍的回报。不要以为我的话简单而嘲笑它。真理总是简单的。我说过我将告诉你我是如何获得财富的,这是通向财富殿堂的第一步,每个人都必须迈出的第一步。'

"'把你所得的一部分钱财留下来。不论你的收入多么微薄,都应该留下你收入的至少十分之一。你完全有能力这样做。每次先给自己付账。不要让你用来购买衣服和鞋子的开支超过你收入的十分之一,因为还要留出足够的钱购买食物,以及施舍穷人和供奉众神。'

"'财富就像一棵大树，是从一粒小小的种子成长起来的。你节省下的第一个铜板就是一粒种子，将来会长成可以为你创造出财富的大树。你越早播下这粒财富的种子，财富之树就会长得越快；你越是勤恳地用更多节余的钱财培育、浇灌它，就能越早地享受财富之树的阴凉。'

"说完，他就拿着泥石板走了。

"他的这番话让我琢磨了半天，觉得似乎还有些道理，所以就决定试试看。从此，我每次得到工钱的时候总是拿出十分之一，放在一边蓄存起来。奇怪的是，我并没有感到比以前拮据多少。但是，随着存的钱渐渐多起来，我发现自己有了一点小小的变化：我非常容易受到引诱。比如老想用它们去商人那里买一些从腓尼基用船和骆驼运来的各种好东西，不过我最终还是理智地克制住了自己。

"12个月之后，阿尔加美什又来到我这里，问我：'年轻人，你有没有把收入的至少十分之一留给自己呢？'

"我骄傲地回答说：'是的，前辈，我照您的话做了。'

"'很好，'他高兴地对我说，'然后呢，你都拿那些钱做了什么呢？'

"'我把它们拿给了砖瓦匠阿兹莫，他对我说，他要出海远行，可以帮我从腓尼基买一些珍贵的珠宝回来。到时候再转手把这些珠宝高价卖出去，然后一起分成。'

"'是傻瓜就得交点学费，'他抱怨道，'可是你为什么要相信一个砖瓦匠对珠宝的见识呢？你会向面包师去请教有关星星的事吗？保准你不会，只要你还有点儿脑筋，就会跑到星象学家那儿去。你

财富就像一棵大树，是从一粒小小的种子成长起来的。你节省下的第一个铜板就是一粒种子，将来会长成可以为你创造出财富的大树。你越早播下这粒财富的种子，财富之树就会长得越快；你越是勤恳地用更多节余的钱财培育、浇灌它，就能越早地享受财富之树的阴凉。

的积蓄泡汤了，小伙子，你把自己的财富之树连根拔起了。不过没关系，你还可以再种一棵，再试试吧。记住，下次如果你需要得到有关珠宝方面的建议，最好去找珠宝商；如果你想了解羊的习性，就最好去问牧羊人。得到他人的建议是不用花钱的，但是你应该只接受那些有价值的建议。那些轻易听信外行的建议，并按其所说来处置自己积蓄的人，到头来只能是落得两手空空。'说完这些，他就走了。

"结果，不幸真的被他说中了。那些无耻的腓尼基人卖给阿兹莫的都是些看起来像宝石，其实则一钱不值的玻璃珠子。不过，我听从了阿尔加美什的建议，继续把每次收入的十分之一存起来，由于存钱已经成了我的习惯，所以做起来一点儿也不费力。

"又是 12 个月过去了，阿尔加美什再一次来到记录厅：'自上次见面后，你有什么进展吗？'

"'我继续给自己存钱，'我回答道，'并把积蓄借给了做盾牌的工匠阿格买铜，他每 4 个月付给我一次利息。'

"'很好。你又拿利息做了什么呢？'

"'我用这些钱买来蜂蜜和美酒，还有好吃的蛋糕，饱餐了一顿。我还给自己买了一件猩红色的上衣。总有一天，我还要去买一头驴子来骑骑。'

"听了我的回答，阿尔加美什大声笑了起来：'你把积蓄生出的利息全都吃光了，又怎能希望它们再为你服务呢？这些利息又怎么能给你赚更多的钱？你先是建立了一支金币组成的奴隶队伍，但是又把它们全都挥霍掉了，一点儿都不感到后悔。'

得到他人的建议是不用花钱的，但是你应该只接受那些有价值的建议。那些轻易听信外行的建议，并按其所说来处置自己积蓄的人，到头来只能是落得两手空空。

"他这样说完，就又走了。

"此后的两年中，我一直没有再见到他，等他再一次来看我的时候，脸上已布满了深深的皱纹，眼睛也失去了神采，他真的老了。

"他对我说：'阿卡德，你的梦想实现了吗？'

"我回答道：'还没有完全实现，但我已经有了一些积蓄，而且正在用这些积蓄不断地赚更多的钱。'

"'你还在听信砖瓦匠的建议吗？'

"'在砖瓦方面他们的确能提出很好的建议。'我回答道。

"'阿卡德,'他继续说道,'你学得很好。首先你学会了用一部分收入来维持日常生活,然后学会了向有经验的人请教,现在又学会了让金币为你服务。'

"'如今,你学会了如何攒钱、存钱和用钱。你已经有能力肩负重任了。我老了,而我儿子成天只知道花钱,却从来不去想怎么挣钱。我的事情很多,年龄不饶人啊,我已经有点力不从心了。如果你愿意到尼普尔帮我管理那儿的地产,我就和你合伙,让你分享我的财产。'

"于是,我就到了尼普尔,替他照管那里的大片地产。由于我有雄心壮志,而且掌握了成功理财的一些法则,我使他的地产不断增值,我也因此富裕起来,后来阿尔加美什在他的遗嘱里如约把一部分财产留给了我。

"这就是我的发家史,怎么样,大家有些什么感想,谁愿意说出来听听。"

他的一个学生从人群中站起来说道:"非常感谢您给我们讲了这么发人深省的故事,阿卡德先生。能成为阿尔加美什的继承人,你真幸运。"

"你能提到这个问题我很高兴,我的朋友。你说到的是一个很典型、同时也是一个很荒谬的观点:**许多人总是把别人的成功归之于运气,他们往往在这样合理地解释了别人的成功的同时,也为自己的贫困找到了一个冠冕堂皇的理由**:'我之所以饱受生活的折磨,不是因为别的,而是因为幸运女神不垂青于我。'然后就像往常一样安之若素了，是啊，谁又能改变幸运女神的意志呢？"

"可是，我并不这样看待这个问题。从我的经历来说，只能说幸运的是我在遇到他之前就有了成为富人的愿望。我不是用了 4 年的点滴节省来证明我的决心吗？如果一个多年来潜心研究鱼儿习性的

许多人总是把别人的成功归之于运气，他们往往在这样合理地解释了别人的成功的同时，也为自己的贫困找到了一个冠冕堂皇的理由："我之所以饱受生活的折磨，不是因为别的，而是因为幸运女神不垂青于我。"然后就像往常一样安之若素了。事实是：幸运女神从来不在毫无准备的人身上浪费时间。

渔夫，在任何风向变动不定的时候都能准确地捕到鱼，难道你能说他只是因为幸运吗？**机遇是一位傲慢的女神，她可不会在那些毫无准备的人身上浪费时间。**由于这个问题本身的重要性以及人们对它的普遍误解，在以后的几天里我会就此专门和大家做进一步的讨论。还有谁想发表一下看法？"

"你的意志真坚定，在第一次失去所有的积蓄后，你还能继续坚持下去，真不简单。"他的另一个朋友库比感叹道。

"意志！"阿卡德反驳道，"简直是无稽之谈。你以为一个人只要意志坚定就能背起那些连骆驼都搬不动的重担，或者拉动连牛都拖不动的重负吗？意志力只不过是能让你在实现目标的过程中不至于畏缩不前，动摇不定。一旦为自己确定了一个目标，那么不管它有多么微不足道，我都会坚持到底。不然，我又怎么有信心去做别的一些重要的事呢？如果哪一天我对自己说：'在以后的 100 天里，当我每天进城时，在走过那座桥的时候，都要往河里丢一颗小石子。'那么我就一定会按照我自己许诺的那样去做。如果在第 7 天，我在过桥的时候忘记了这回事，我就决不会这样对自己说：'唉，明天向河里丢两颗石子不也一样嘛。'相反，我会返回去，向河里丢下这颗石子。同样，我也不会在第 20 天的时候对自己说：'阿卡德，你这样做到底有什么意义呢？你每天向河里丢石子，对你有什么好处呢？还不如干脆现在就向河里扔一把石子算了。'不，我既不会这样想，也不会这样做。**一旦为自己规定了任务，我就必定要把它完成。**但是，有一点，我不会为自己找那些困难而不切实际的事儿，因为我也喜欢悠闲。"

这时，他的另一个学生说道："如果你说的是真的，而且这听上去也的确不假，很有道理，也很简单，要是所有的人都这样做了，岂不是大家都成了有钱人，可到哪儿去找这么多财富呢？"

"无论在什么地方，只要人们不懈地付出了努力，在那里就会生长出财富来，"阿卡德回答道，"如果一个有钱人要盖一座豪宅，他为此付出的财富就会消失吗？不，砖瓦匠拿到了一点、建筑工人拿了一点、设计师自然也会拿一点。所有为这所房子出过力的人都能从富翁所支付的费用中分到一部分。当房子建好后，难道它的价值不值得这些花费吗？这块地难道不会因为这栋房子而升值吗？而它周围的地皮不会因此而更值钱吗？财富的增长就像魔法一般，没有人能预见它的极限。腓尼基人不就是用他们从航海贸易中获得的财富在海岸边的不毛之地建造起许多伟大的城市吗？"

听了阿卡德的一番话，大家陷入了沉思。

阿卡德接着说道：

一旦为自己规定了任务，不管要付出多少努力，也一定要把它完成。

"细心的朋友可能会发现，在我刚才所说的个人经历中，实际上提到了三个法则，后来通过我在经商过程中的实践，我对这些法则进行了归纳完善，一共总结出了十个，其中七个属于实用性的技巧，三个关乎个人品德修养，从明天起，我将逐一和大家讨论。在我讲述的十大致富法则当中，每个法则之间都是相互关联的，因此阐述每个法则的故事所蕴含的道理可能会同时囊括其他的致富法则，这也不足为奇，总体来看，前面讲述的法则往往是后面法则的基础，这也符合脚踏实地的道理。这些故事都是在你们身边发生的真实的故事，你们有心的话，也可以从身边找到许多同类的事例，它们有些能够带给你们经验，有些可以给你们教训，每一个故事我都花了相当长的时间琢磨，希望你们也如此。

无论在什么地方，只要人们不懈地付出努力，就会生长出财富来。

"在讲述这十大致富法则之前，我想起了一句俗话——破旧立新。的确如此，所以在此我要先做一做'破'的工作。我常常问一些高收入者，你了解管理钱财的知识吗，参加过一些学习管理钱财的训练活动吗？他们大多数人都忙于赚钱，而没有系统地想过如何管理钱财。我知道他们都有强烈的致富欲望，甚至在赚钱上也各有所长。但我要对他们说的是，你们缺乏管理钱财的意识和知识。其实管理钱财比赚钱更重要，因为每个人都可以赚钱，但不是每个人都会管理钱财。

"多数人对管理钱财都有一些错误的观念，我将它们归纳成了五个'管理钱财的神话'。

"1. 大多数人以为越有钱，越容易解决金钱问题。而正确的观念应是竭尽所能，保持支出低于收入，方能有效地、长远地解决金钱问题；越有钱，不一定越容易解决金钱问题。不论有多少钱，如果入不敷出，我们立刻就会被'打回原形'，为钱所困。

"2. 大多数人以为花钱的时候事事讲求精打细算，做足财政预算，就会令人丧失自由，减少人生乐趣。其实不然，花钱讲求精打细算，做足预算，不但可以减轻未来的痛苦，更可令日后的生活能享受到更大的自由度。

"3. 大多数人自以为自己平日花钱，通常都是用得其所。这种看法过于自信，其实我们平日花钱，十分感性、十分冲动。因此用钱之前，要额外留神，分辨'必须花的'与'一时冲动'。

"4. 有些人以为，先用将来的钱，使了才算，起码可以令自己满足物质需要，先开心一场，以后自有以后的钱。其实无债一身轻，今天越少、越无债项，他日人生越多自由乐趣。

"5. 多数人以为，在许多时候我们的花钱习惯是由环境（或别人）操纵。其实并非如此，正确的观念应是，不论在任何经济环境下，管理钱财必须采取主动，不要无助地被环境及别人所操纵。"

阿卡德说完之后，叮嘱大家明天准时来听课。有时候，一堂课价值万金，千万莫要错过。

1

让你的钱包先鼓起来

Start your purse to fattening

第一章 / Chapter One

第二天，阿卡德准时来到了神庙，对他的学生们说道：

"你们来到这里，我将把十个获得财富的诀窍告诉你们，同时，也把它们推荐给所有想要得到金子的人们。在接下来的几天中，我将每天向你们介绍一个诀窍。

"请注意听好我将传授给你们的知识，和我一起进行辩论，与你的伙伴们一起讨论。将这些课程学透彻了，你们就能在你们的钱包里种上财富的种子。你们首先得使自己富足起来，然后才能成为有理财经验的人，也只有如此，你才有能力把这些真理传授给其他人。

"我将教给你们使自己的钱包变鼓的简单方法，这是通向财富殿堂的第一步，每个人都必须首先把这第一步走好，方能登上财富的殿堂。

"我们现在来说说获得财富的第一个诀窍——

"让你的钱包先鼓起来。"

阿卡德对坐在第二排的一个若有所思的学

你们首先得使自己富足起来，然后才能成为有理财经验的人，也只有如此，你才有能力把这些真理传授给其他人。

生说道："我的朋友，你现在是做什么工作的？"

"我是一个抄写员，"他回答说，"我的工作是把东西刻到泥石板上。"

"我就是靠这种工作挣到属于我自己的第一块铜板的，所以你也有机会获得巨大的财富。"

他又对另一个坐在后排、面色红润的人说："请告诉大家，你是靠什么手艺来养家糊口的？"

"我是个屠夫，"那人回答道，"我从农夫那里买来羊，宰杀后把肉卖给家庭主妇，把羊皮卖给鞋匠。"

"既然也是靠劳动生活，就有机会和我一样成功。"

等阿卡德这样问完了每个人的职业后，接着说道：

"现在，我的学生们，你们可以发现，许多行业都可以赚到钱。所有人都可以从自己的收入中为自己留出一部分来，放进钱包。这样，每个人都能根据自己的实际情况让钱包保持或多或少的进项了，是不是？"

众人皆点头称是。

"很好，"阿卡德继续说道，"如果你们每个人都渴望建立自己的事业的话，好好利用你们现有的积蓄难道不是一个明智之举吗？"

大家又表示赞同。

然后，阿卡德转向一个称自己是买卖鸡蛋的小商人，"如果你拿一个篮子，每天早上向里面放 10 个鸡蛋，每天晚上再从里面拿出 9 个来，最后你会得到一个什么样的结果呢？"

"总有一天，我的篮子里就会装满鸡蛋。"

"为什么？"

"因为我每天放进篮子里的鸡蛋比拿出来的多一个。"

阿卡德微笑着转向其他人："你们有谁的钱包是空的？"

一开始，大家觉得这很有趣，接着就大笑了起来，最后他们纷纷挥舞着自己的钱包。

"好吧，"他继续说道：

"现在我来告诉你们第一个让钱包鼓起来的诀窍。完全按照我刚才告诉鸡蛋商人的话做。当你每次往自己的钱包里放入 10 个铜板时，只拿 9 个出来用。这样，你的钱包马上就会开始变得鼓胀起来，而且会越来越沉，掂在手里舒服极了，这也会给你的灵魂带来满足。

"不要因为我的话简单而嘲笑它。真理总是简单的。我就是这样一步一步走过来的。我的钱包也曾经空空如也，我非常讨厌那个无用的东西，因为它无法满足我的欲望。但是，当我开始在它里面放入 10 个铜板而只花掉其中 9 个的时候，我的钱包就开始变鼓了。你们的钱包也会如此。

"现在我要告诉你们一个奇怪的真理，这个中原因不是我所能了解的。当我控制自己的开支，只花掉收入的十分之九时，我的生活和以前并没有什么两样。这样一来，钱看起来就比以前来得容易了。这肯定是神的法则，凡是那些懂得存钱的人更容易赚到钱，而那些钱包里总是空荡荡的人，则很难赚到钱。

"你们更渴望得到些什么呢？是满足每天的欲望，购买像珠宝、锦衣玉食或是漂亮物品这些瞬间就将灰飞烟灭的东西，还是投资于黄金、土地、牲畜和产品这些能够带来收入的长久财产？你从钱包中拿出去的那部分钱换来的是前一类东西，而存在钱包里的钱将为你带来后面所说的财产。你能理解这储蓄的十分之一的钱的妙用吗？就像我说的，它是财富的种子，是日后巨额财富源起的渺小的种子。

"为了达到储蓄十分之一的收入的目的，我提倡过一个原则，希望大家能够采用。这个原则就是**首先支付自己**。

"这个原则是为了加强你自律的力量。如果你不能控制自己，就

如果你拿一个篮子，每天早上向里面放 10 个鸡蛋，每天晚上再从里面拿出 9 个来，最后你会得到一个什么样的结果呢？

别想着能够致富。原因很简单，因为你在大树未长成之前就食用了种子。

"正是因为缺乏自律，即使上天给一个人数百万钱财，他也很快就会破产。也正是由于缺乏自律，即使一个人的老板为他提薪了，他也会立即出去购买新房或乘船旅游，其生活往往比提薪前过得还要窘困。是否坚持自律，这是富人和穷人的最主要差别。换句话说，那些不太自信、无法忍耐财务压力的人永远不会成为富人。

"为了培养自律精神，我倡导的就是'首先支付自己'这条原则。在此首先支付自己的意思即是首先将收入的十分之一储蓄起来，然后再考虑收入的其他用途。在巴比伦城，有数百万的人熟练地重复这句话，却很少有人遵循这一建议。我说过，通过一个人的金钱的走向，我可以很容易地看出他是否将嘴边念叨着的'首先支付自己'这句话付诸实施。

"我不是在提倡不负责任的做法，由于我坚持了首先支付自己的原则，我就不会拥有什么高额的债务及高消费的习惯。我就能够成为金钱的主人，而不会沦为金钱的奴隶。其原因在于：

"1.坚持这项原则就不会背负数额过大的债务包袱，就会使自己的支出保持低水平，而集中地增加自己的收入的来源，将自己的钱用于钱生钱的事业当中。

"2.当你短钱时，这项原则就要求你承受外在压力而不要动用你的储蓄或投资。你就可以利用这种压力来激发你的赚钱的天赋，想出新办法挣到更多的钱，然后再支付债务。这样做，不但能提高你赚钱的能力，还能提高你的理财观念。所以当我偶尔金钱短缺时，我仍然首先支付自己。我宁愿让债权人高声喊叫，他们越着急我越高兴。为什么？因为这些人在为我摇旗呐喊，他们在激励我去挣更多的钱。许多次我曾陷入财务困境之中，但通过动脑筋想办法反而创造出更多的收入，我坚定地维护了我资产的安全和完整，而不会急忙还债，我就像一位坚强的战士一样坚守着城堡——我的财产堡垒。

"穷人有不好的习惯，一个普遍的坏习惯是随便动用储蓄。富人知道储蓄只能用于创造更多的钱，而不是用来支付消费。这种说法希望大家不要觉得刺耳，事实就是如此，如果你意志不够坚定，那么无论如何，你只能让金钱推着你转。

"当然，这一原则不是鼓励自我牺牲或做守财奴，它并不意味着为坚持这一原则而去挨饿。生活应当是快乐的，如果你唤醒自己赚钱的天赋，你就有机会拥有很多人生中美好的东西：致富并不以牺牲舒适生活为代价。

"在今天的消费世界里，由于种种外在的诱惑，挥霍金钱是非常容易的。如果意志薄弱的话，金钱的流出简直会无遮无拦，这就是大多数人贫困和财富困窘的原因。

"因此，我重申我发现的致富的第一大法则：使钱包鼓起来，至少将收入的十分之一储蓄起来。你们可以互相讨论这个法则。如果有人能证明它是虚假的，请他在明天的课上告诉我。"

2

控制你的开支
Control your expenditures

第二章 / Chapter Two

第三天，阿卡德在开始讲课前，向他的学生们问道："大家还记得我昨天讲的致富的第一个诀窍吗？"

"记得！"大家齐声叫道。

"是什么呢？"

"把收入的十分之一存起来。"

"对此，你们有什么问题吗？"

"可是，我尊敬的阿卡德先生，"一位学生从座位上站起身来，恭敬地说道，"如果一个人的所有收入连维持自己的日常开销都不够，哪儿还能存十分之一下来呢？"

"很好，"阿卡德回答道，"昨天，你们中间有多少人的钱包是空的？"

"我们所有人的钱包都是空的。"学生们回答。

"但是，你们的收入并不相同。"阿卡德说，"有些人的收入比其他人高；有些人则需要养活一大家人。不过，你们所有人的钱包都是空的，这一点却相同。现在我要告诉你们一个很不寻常但是对许多人都适用的真理，那就是：除非我们有意克制，否则我们所谓的'必要花费'总会与我们的收入相等。"

阿卡德继续说道：

"不要把必要花费与你的欲望混为一谈。你们及你们家人的欲望像个无底洞，你们的支付能力是永远无法让它们都得到满足的。所以，哪怕你们动用所有的收入去满足这些欲望，到头来却仍然有许多欲望没能满足。

"所有的人都背负着远非他们的能力所能满足的欲望。你们以为

如果你不能控制自己，就别想着能够致富。原因很简单，因为你在大树未长成之前就食用了种子。

我现在富有了就能满足自己所有的欲望了？完全错了。我的时间有限，我的精力有限，我可以旅行的距离有限，我可以吃到的东西有限，我能够享受到的快乐也是有限的。

　　"我告诉你们，就像农夫只要给野草留出了空间，它们就会疯长起来一样，只要有被满足的可能，欲望就会在人的心里迅速膨胀起来。你们的欲望是无尽的，而能满足的却很少。仔细地反思一下你平时的生活习惯，就会发现其中有一些开支完全可以明智地删减掉。
要把每一个铜板都花在刀刃上。

　　"所以，在泥石板上刻下你准备支付的每一笔开支，选出那些必
要的开支，也就是用十分之九的收入可以支付的开支，然后把其余
的开支计划都砍掉，它们只不过是你众多无法满足的欲望中的一部

就像农夫只要给野草留出了空间，它们就会疯长起来一样，只要有被满足的可能，
欲望就会在人的心里迅速膨胀起来。

分，不必因此而感到遗憾。

"然后，为你的必要开支做一个预算。一定不要去动用留下来让钱包变得鼓胀起来的那十分之一收入，把这当成你的一个坚定信念。不断地调整你的开支计划，以便让它能更加合理，成为保障你钱包变鼓的首要手段。"

这时，一个身着镶着金边的华丽衣服的学生站起来，说道："我是一个自由人，我认为享受生活中美好的东西是我的权利。因此，我认为用预算强行规定自己花多少钱、买什么东西就像给自己套上了奴隶的枷锁，那会使我的生活失去很多乐趣，而我自己也会变得像一只不堪重负的驴子。"

听了他的这番话，阿卡德回答道："我的朋友，你的预算是由谁决定的呢？"

"我自行决定。"那位有异议的学生回答。

"在你刚才那个有趣的比喻中，驴子在计划自己的负重时，会把珠宝、地毯和金子包括进去吗？我想它肯定不会。它会把干草、粮食和一袋水背在背上，因为只有这些才是它到沙漠旅行所必需的。

"制定预算的目的是为了让你的钱包鼓起来，也是为了帮助你得到必需品，以及满足在你能力范围之内的其他欲望。它可以帮助你认识到什么才是你最迫切需要的，把这些需要与你奢侈的愿望区分开来。**预算就像黑暗洞穴中的一盏明灯，它可以让你看清你钱包上的漏洞在哪里，这样你就可以堵住这些漏洞，把你的开支控制在必要而合理的范围内。**

"我记得我年轻时曾经发明过一个用钱、省钱的特殊方法，我将它称为'用钱艺术方格'。我给大家带来了一个简易的卡片。你们看。"

大家仔细观看阿卡德举起的卡片，卡片上是一个如下的表格。

用钱艺术方格

	急用（A）	有用（B）	想用（C）	没用（D）
现在				
将来（一年以后）				

阿卡德继续说：

"我们平日用钱，大致上可以分为'现在'及'将来'两方面：'现在'代表近期要花的钱；'将来'则代表未来一两年或更远时，将要花费的金钱。

"当我们有了'现在'及'将来'的划分后，我们就可以将用钱的艺术一分为八。

"上表中共有八个方格，上面一行四个方格所代表的含义为：

现在急用、一定要花的钱。

现在有用、用得其所、必定要花的钱。

现在想用、有多余钱必定会花费的金钱。

现在没用、不应乱花的钱，以免造成无谓浪费。

"下面一行四个方格所代表的含义为：

将来急用、一定要花的钱。

将来有用、用得其所、必定要花的钱。

将来想用、有多余钱必定会花费的金钱。

将来没用、不应乱花的钱，以免造成无谓浪费。

"使用此方法的好处在于：它不但可以帮助我们看清大局，了解现在的状况，展望将来；更可以令我们平日用钱之时，能够有远见，打破时间的误区，理清先后轻重。例如：

"每月收到薪金或其他收入后，根据自己的实际情况先把部分钱划入'急用（A）'（其中包括买房或交房租、车马费、租金，以及其他衣、食、住、行、子女教育费用等）。

"交清一些基本、一定要花的钱之后，就必须把部分余款，可能已是所剩无多的钱拨入'有用（B）'（其中包括旅游、日常娱乐、投资、学习技艺、个人进修学费等）。

"如果理财有术的话，可能还会有部分钱，不妨考虑把它们拨入'想用（C）'（其中包括衣着打扮、买一些想要以及渴望已久的东西，讨自己或家人欢心等）。

"对于'没用（D）'，我们要分外小心，因为它可能会使我们平日储蓄的钱、精心使用的钱，以及省来的钱功亏一篑（kuì），它是我们理财的陷阱。

"我要提醒大家的是，一定要按照 A—B—C—D 的顺序来使用钱。有许多人都因为用钱不分先后轻重，没有将薪金和收入先后拨入'A''B'和'C'，反而平日拼命在'D'内打转，以至生活在借钱、还钱的循环中，直至破产。

"所以我劝告大家花一点时间学习这种花钱的艺术，并应用

'用钱艺术方格'，将现在及将来的开支项目和数目填写在'用钱艺术方格'的八个方格之内，这样就可养成精打细算、理财有术的生活习惯了。

　　"这就是使钱包变鼓的第二个诀窍：制定你的开支预算，最多用你十分之九的收入购买必需品以及满足那些有意义的欲望。"

3

让你的财富增值
Make your gold multiply

第三章 / Chapter Three

在第四天的课上，阿卡德为了让自己的观点更有说服力，一改前几课主要由他自己讲述的习惯，而采取了另外一种形式，我们不得不承认，就从这样一件事情上，可以看出他是个有心人。

阿卡德一坐定，就对他的学生们说："听了前几次课，我相信或者假定大家学会了把自己十分之一的收入存起来，并准备让它们增值，因为我们现在已经知道决不能让它们闲待着。接下来的问题是，就像我自己经历的一样，如何才能让它们顺利地升值？换句话来说，就是在避免失去你的财富的前提下，如何让它为你工作，为你带来源源不断的收入？对这一问题，我先不想多说，而是想让另外一个人说说他自己的经历。有关这个人的事，你们当中的一些人可能多多少少有些了解或者听人说起过。他就是我的儿子诺马瑟。"

他的这番话在听众中引发了一阵小小的骚动。

"说到你的儿子，我尊敬的阿卡德先生，"一个学生说道，"我想打扰一下，向你请教几个问题。"

"你请讲，我亲爱的朋友，我随时愿意回答你。"阿卡德面带微笑地说道。

"早就听说，在你儿子刚成年的时候，你并没有像巴比伦的其他许多富人一样，把他留在你身边，以便让他以后能继承你的财产，而是把他送到那人生地不熟的、遥远的尼尼微去，让他独自去闯天下。你当初为什么要这样做呢？"

"在我看来，父母能给子女的最重要的东西不是现成的财富，而是比金子重要得多的智慧和生存的本领。如果当初我把诺马瑟留在身边，在我有生之年，也许可以保证他衣食无忧，但是我却没有能

我的孩子，我希望你能继承我的家业。不过，你必须首先证明自己有足够的能力和智慧管理好它。所以，我想让你到外面的世界去闯一闯，用自己的本领创造财富，成为一名受尊敬的人。

力保证他能获得让自己一辈子衣食无忧的能力。对年轻人来说，轻而易举可以获得的财富可能是一种灾难。因此，对于做父母的来说，能给予子女最重要的是一种智慧、一种生存的能力，而不是多少现成的财富。因为有形的财富总是有限的、不确定的，而且很容易让人产生依赖心理。请记住，只有智慧是永恒的。而许多智慧只有亲身经历过才能真正理解其中深刻的含义。因此，我毫不犹豫地把诺马瑟送到了尼尼微。但是许多人却做不到这一点，那是因为他们的眼光太狭窄。

"今天我把诺马瑟也带来了，让他给大家谈一谈他的经历，他在尼尼微完全靠自己的努力成为一个富有、受人尊敬的人，我对此感到很欣慰。我亲爱的儿子，站起来，给大家说一说吧。"

诺马瑟听了父亲的话，走到大家面前。人们一眼就能看出他那通身尊贵、非凡的气度来。他用炯（jiǒng）炯有神的眼睛看了大家一眼，说道："各位朋友，非常高兴能有机会在这里与大家一起讨论永恒的致富之道，这是一门古老的艺术，代代相传，并必将在今后的巴比伦大放异彩。下面让我把当时的情形向大家一五一十地说来。"

诺马瑟继续说道：

"我想我们大家都知道，按照巴比伦的习俗，富有的父亲总喜欢把自己的儿子留在身边，好让他们日后继承家业。但是我的父亲阿卡德却不赞成这一习俗。所以，当我成年的时候，有一天，父亲把我叫了过来，语重心长地对我说：'我的孩子，我希望你能继承我的家业。不过，你必须首先证明自己有足够的能力和智慧管理好它。所以，我想让你到外面的世界去闯一闯，用自己的本领去创造财富，最终成为一名受尊敬的人。为了让你有一个好的开始，我将给你两样东西，我当年白手起家时可没有它们。首先，我要给你的是一袋金子。如果你能很好地利用它，这将成为你未来财富的基础。另外，我要给你这块泥石板，上面刻着 5 个黄金定律。只要你按照这 5 个法则身体力行地去做，它们就能带给你财富和安全。从现在算起10年后，你再回到这里，把你的情况告知于我。如果你能证明自己足堪重任的话，我就会让你成为我财产的继承人。否则，我将把所有的财产交给祭司，好让他们为我恳求诸神安慰我的灵魂。'

"于是，我就用精细的布把泥石板包好，带上父亲给我的金子和奴隶一起骑着马闯天下去了。"

"是啊，我还清楚地记得，"班瑟说道，"10年过去后，你如约地返回了你父亲阿卡德的家，你父亲举办了盛大的宴会欢迎你，还邀请了许多亲朋好友。我还有幸参加了那次宴会。宴会结束后，你父母在大厅尽头像宝座一样的椅子上坐下来，而你则站在他们面前，就像你曾经答应过你父亲的那样，开始讲述自己的情况。"

"正是如此，谢谢你还能记得这么清楚，班瑟大叔，"诺马瑟继续说道，"当时天色已晚，从昏暗的油灯灯芯散发出来的烟雾在房间中弥漫。穿着白色袍子的奴隶们拿着长柄的棕榈（lú）叶有节奏地扇动着湿润的空气，整个场面的气氛高贵而肃穆。我的妻子和两个小儿子，以及家里的亲朋好友们则坐在我旁边的坐垫上，大家急切地等着听我讲述在外面的经历。"

"'我的父亲，'我当时恭敬地开口说道，'我为您的智慧所折服。10年前当我刚刚成年的时候，您要我到外面去闯荡，而不是在家里坐等继承您的财产。您慷慨地赠给我金子和您的智慧。说到那些金子，唉，我不得不承认我对它们的处理糟透了。由于我缺乏经验和阅历，金子就像受惊的野兔一样从初次逮住它的青年手中逃走了。'

"父亲听到这里宽容地微笑着说: '说下去吧, 我的儿子, 我们对所有的细节都有兴趣。'

"一出门, 我决定到尼尼微去碰碰运气, 因为那是一个新兴的城市, 我想那儿的机会一定要多一些。我加入了一个沙漠商队, 还在那儿交了好些朋友。其中有两个人能说会道, 他们有一匹非常漂亮的白马, 跑起来像风一样快。

"在旅行的途中, 他们十分肯定地告诉我, 尼尼微的一个富翁有一匹神驹, 在所有比赛中从未输过。它的主人坚信没有任何马能跑得过它。所以, 无论赌注有多大, 他都愿意赌他的马可以击败巴比伦一带所有的马。我的朋友们又对我说, 那个富翁的马和他们的马比起来, 简直就是一只瘸腿的驴子。

"他们大方地邀请我和他们一起去赌马, 说这是帮我一个大忙。我被这个计划打动了。

"结果我们的马输得很惨, 我输掉了大部分的金子。"

"父亲当时听到后笑了笑。后来, 我发现这两个人是骗子, 他们经常混在商队里到处寻找可以下手的目标。你们一定明白了吧, 尼尼微的那个富翁是他们的同伙, 他们一起分赃。这个狡诈的骗局给我上了人生第一课: 要学会保护好自己的钱包。

"过了不久, 我又接受了另一个更惨痛的教训。我在商队里还结识了另一个年轻人。他和我一样, 是个富家子弟, 也想到尼尼微去发展。我们到达尼尼微之后不久, 他告诉我有一个商人去世了, 他的一船货物正在贱卖。他建议我和他合伙一起买下那些货物, 但是他得先回巴比伦取金子, 所以他说服我先拿钱买下所有的货物, 并答应在我们以后合伙做生意时他来出资。

"可是，他迟迟不肯回巴比伦取钱，我也渐渐看出他不但不是个精明的生意人，而且还经常挥金如土。我最后和他分道扬镳（biāo）了，但到那时，我们的生意已经几乎无法维系了，手里积压着许多根本卖不出去的货物，也没有什么钱去进新货了。最后，我只得把所有的货都低价卖给了一个犹太人。

"'我的父亲，告诉您，在那之后的一段日子里我真是苦不堪言。我四处找活儿干，却一无所获，因为我没有受过任何职业训练。我为了维持生计只好卖了我的马，接着卖了奴隶和我多余的袍子，但是贫困还是一天天地逼近了。'

"'不过，在那些清苦的日子里，我仍然记得您对我的信心，我的父亲。您让我到外面来闯荡，成为一个有能力的人，我决心不让您失望。'

"我母亲当时听到这里，用手捂着脸，低声地哭了起来。

"在最艰难的时刻，我想起了父亲给我的上面刻着5个黄金定律的泥石板。于是，我认真地读着上面那智慧的语言，才发现要是我当初先读懂了这些智慧，就不至于失去我的金子了。我牢牢地记住了这些法则，准备在幸运女神下一次向我微笑的时候，依照长者的智慧明智地行事，再也不像个毛头小子那样轻举妄动了。

"今天，我将为在座的各位宣读我父亲在10年前送给我的刻写在泥石板上的智慧：

5个黄金定律

1. 凡是坚持把收入的至少十分之一存储起来，为他的将来和他的家人创造财富的人，金子就会源源不断地流入他的腰包，并会快速增加。

2. 金子会为那些懂得如何使用它们的人忠实而勤恳地工作，像地里的牲口会为主人带来更多的财富一样。

3. 只有那些谨慎投资、知道向行家请教的人才能牢牢地保护好自己的金子。

4. 在那些自己不熟悉的行业上投资，或者不听从行家建议的人将失去他们的金子。

5. 凡是将黄金花在不可能盈利的事情上、听信骗子的花言巧语，以及无知地轻信自己幻想的人都会在投资中失去自己的金子。

"这就是我父亲写的5个黄金定律，我觉得它们比金子本身更有价值，我后面的故事将向你们证实这一点。

"我刚刚讲述了自己的无知让我陷入了怎样的贫穷和绝望。但是，人不会总是倒霉。后来我终

学会向聪明人请教。

于找到了一份工作，负责管理修筑外城墙的一群奴隶。

"由于明白了如何运用第一个黄金定律，于是，我从第一次领到的工钱中存下了一块铜板，并且抓住每一个机会继续存钱，最后攒够了一个银币。由于我还得维持生计，所以这个过程变得很漫长。我承认在当时我花钱非常小气，因为我决心在 10 年之内赚回父亲送给我的那些金子。

"我和那些奴隶的主人成了好朋友，有一天他对我说：'你是个很精明的年轻人，从不乱花钱。你的积蓄是不是你靠工作挣来的钱呢？'

"'是的，'我回答说，'我把父亲给我的金子丢掉了，我想把它们赚回来。'

"'我看这是一个很好的目标，你可知道你的积蓄也可以为你赚更多的钱？'

"'啊，我在这方面有过惨痛的教训，以至于把我父亲送给我的金子赔进去了，我很害怕会重蹈覆辙，使我辛辛苦苦积攒下来的钱又泡汤。'

"'如果你信得过我，我教你如何让金子为你赚钱，'他说道，'不出一年，外城墙就能完工，到时肯定要用铜打造各个城门，以防外敌入侵。整个尼尼微的金属都不够用，国王现在还没有想到如何解决这个问题。因此我计划找一群人凑钱组织一个商队到远方的铜矿和锡矿去，从那里买回足够的金属以备尼尼微打造城门之用。这样，当国王想到要打造城门时，城里只有我们有金属，他就会给我们出个很好的价钱。即使国王不从我们这里买铜，我们也可以把它

们转卖给其他人，照样能赚钱。'

"我听了他的建议，他说的不失为遵守第三条黄金定律的绝好机会，也就是根据那些有智慧的人的建议进行投资。结果没有让我失望。我们的合作非常成功，我原本很少的积蓄，通过这次交易大大增加了。后来，我又和这群人一起做了很多次生意。他们深谙（ān）赚钱之道，在每次投资之前都十分谨慎地讨论整个计划，决不会贸然投资而血本无归，或者把钱投在毫无利润的项目上以致被套牢。像我从前与人合伙赌马这样的傻事，他们根本不会去考虑，而是立刻一针见血地指出其中的漏洞。

"通过和这些人一起共事，我学会了用安全的理财方式增加利润。随着时间的推移，我的财富增长得越来越快。我不仅赚回了自己曾经失去的钱，而且使自己的积蓄远远地超过了那个数目。

"经过了不幸、考验和最后获得成功，我一次又一次地检验了父亲送给我的 5 个黄金定律，每一次都证明它们是完全正确的。对于那些不知道这些真理的人来说，财富来得难，去得易。但是对那些遵从这 5 个法则的人来说，财富滚滚而来，而且还会为他们后续带来更多的财富。"

"当时，"库比接着诺马瑟的话说道，"你示意一个站在房间后面的奴隶。这个奴隶分三次拿进来三个皮袋。你拿过了其中一个袋子，放在你父亲面前，对他说道：'您曾经送给我一袋金子，巴比伦的金子，现在我带回同样重量的尼尼微的金子，就和我们约定的一样。'你一边这样说着，一边从奴隶的手中接过另外两个袋子，把它们也放到你父亲前面。"

金子会为那些懂得如何使用它们的人忠实而勤恳地工作，像地里的牲口会为主人带来更多的财富一样。

"是的，"诺马瑟说道，"当时我用这些来向父亲证明，他的智慧在我心中比金子更加宝贵。谁能算得出智慧的价值呢？**没有智慧，拥有再多的黄金也会很快散尽，但是有了智慧，即使没有黄金，人们也可以白手起家创造财富，最后也能稳固地拥有黄金**，这三袋金子就是明证。"

最后，诺马瑟转向他的父亲说道："我能够站在您的面前向大家讲述这一切真让我感到无比的满足，我的父亲，我因为您的智慧而成为富有的人，并得到了人们的尊敬。"

父亲爱怜地把手放在儿子的头上，说："你学得很好，我为有你这样出色的继承人而感到骄傲。"

"我来总结一下今天的内容。"阿卡德站起来说：

"你们的钱包一天一天地鼓起来了，你们已经学会了存下自己收入的十分之一，也制定了开支预算来保证积蓄的不断增加。这很好！接下来，我们将考虑如何让你积累的财富为你效劳，创造更多的财富。装在钱包里的金子只能给那些吝啬的人带来安慰和满足，却不能带来任何增值。我们从收入中省一部分作为积蓄，这还只是个开始。只有用这些积蓄进一步地创造财富，我们才能成为真正的富人。

"那么，我们如何才能让积蓄下来的金子为我们服务呢？同我的儿子一样，我第一次的投资血本无归，完全失败了。我也因此赔掉了我所有的积蓄。我第一次成功的投资是把钱借给了一个做盾牌的工匠。他每年都要买下整整一船从外国运来的铜做原料。他没有足够的本钱支付给那些商人，所以需要向别人借贷。他是一个很讲信用的人，总是在卖出盾牌后归还所有的钱，而且还会支付一笔慷慨的利息。

"每一次我借钱给他的时候，总是把上一次的利息加在一起。这样，我的本钱又增加了，本钱的增加又会带来更多的利息。最令人高兴的是，所有这些钱最终都会回到我的钱包里。我告诉你们，我的学生们，**一个人的财富并不是他钱包里的几个铜板，而是他创造的收入，这些收入可以使金子源源不断地流向他的钱包，同时创造出更多的收入。** 这是每一个人都希望做到的，也是你们每一个人的愿望。无论你是在工作还是去旅行，总是有稳定的收入源源不断地流入你的钱包。

"我因此而得到了越来越多的财富，以至于被人们称为最富有的人。我借钱给做盾牌的工匠是在投资获利方面的第一次尝试。有了这一次经验，我就随着本钱的增加，不断扩大投资。开始只有几个收入来源，后来发展到很多，于是财富就从所有这些地方不断地流入我的钱包，我再用它们赚更多的钱。

"就是这样，我依靠自己微薄的收入换来了大量的金币做我的奴隶，它们可以为我工作，赚来更多的钱，而这些钱的利息又可以继续为我不断地赚钱，如此往复，本钱和利息都变得越来越大。

"合理的投资可以让金子很快地增值，比如说，一个农夫在他第一个儿子出生的时候拿 10 个银币交给借贷商人，要求老板替他放款，直到他的儿子满 20 岁为止。借贷商人答应每 4 年支付本钱四分之一的利息。由于农夫这笔钱是准备留给儿子的，他要求商人把每一次利息都加进本钱。

"等他的儿子满 20 岁时，农夫就到借贷商人那里去取回本钱和利息。商人告诉他，由于这笔钱是以复利计算的，所以原来 10 个银币的本钱已经变成了 31 个半银币。

"农夫非常高兴，由于他的儿子现在还不需要这笔钱，所以他又决心把这些钱留在商人那里。等到他的儿子 50 岁的时候，农夫去世了，借贷商人总共还给他的儿子 167 个银币。

"这样在 50 年当中，这项投资加上利息一共翻了近 17 倍。

"一个人只要坚持从他的收入里拿出十分之二的钱用来进行明智的投资，就可以不断添置有价值的产业，为自己的晚年和身后的家人提供稳定的收入。而且这样的人可以很容易地赚到钱。我自己和那个农夫的经历就是很好的证明。我积累的金子越多，它们为我带来的收入就越多，也越快。

"从我的经历来看，赚钱之道有三种方式，上策是用钱赚钱，中策是靠技术赚钱，下策是用劳力赚钱。诸位不要误解我，我并无贬低劳力的意思。我只是说明这个事实——劳力、技术、知识、钱都是可以用来生钱的工具，但我向大家推荐的方法是用钱生钱。

"大家看好我手上拿着的这张卡片，上面有一个划分为三块的蛋糕，这个蛋糕我将它称为'钱生钱蛋糕模式'。这个蛋糕从顶部顺时针看过来，依次是 10%、20%、70%。它们分别代表的含义就是 10% 用于储蓄（在恰当的时候储蓄又可转换为投资）；20% 用于投资或还债（依据有没有欠别人的钱）；70% 用于花费（日常生活中必要的开支）。

"一个坚持了首先支付自己原则的人，他首先要确保的就是 10%

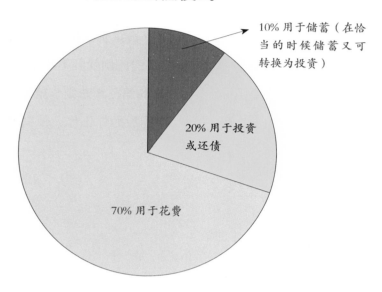

钱生钱蛋糕模式

10% 用于储蓄（在恰当的时候储蓄又可转换为投资）

20% 用于投资或还债

70% 用于花费

的储蓄，因为这是他未来以钱生钱的资金的来源。如果他有债务的话，他必须确保拿出 20% 的收入用于还债，或者如果一开始他生活困难，他可以先不进行投资，因为他没有多余的钱，也没有抵抗投资风险的能力。但他无论如何都要进行储蓄，这是他未来巨额财富的种子。

"在他未来生活有保障的情况下，他的储蓄的唯一目的是为了投资，而不该为储蓄而储蓄。当然，他的投资是有选择性的：投资于一个赚钱的项目；投资于发展中的事业；投资于掌握一种赚钱的模式；投资于自己技能的增长；投资于自己地位的提升；投资于自己知识的增加；等等。

"当然，这个'钱生钱蛋糕模式'中的比例并不是一成不变的。

随着一个人财富的增长，他的钱中用于储蓄和投资的比例会大大增加。因为他的储蓄和投资带给他的收入会不断增长，即他的蛋糕会不断增大。相对比较起来，他用于日常生活中的开支却不会增长多少。所以他的钱中用于储蓄和投资的比例就会不断增大。

"今天，我们所讲的就是致富的第三大法则：就像田野中的牲畜能为你带来收入一样，让每一个铜板为你工作，使财富源源不断地流入你的钱包。"

4

谨慎投资、避免损失

Guard your treasures from loss

第四章 / Chapter Four

第五天，阿卡德对他的学生说道：

"灾难往往在不知不觉中降临。一个人口袋中的钱财如果不妥善谨慎地保管是很容易流失的。钱财流失的速度很容易就能超过赚钱的速度，我想这是一个大家都深有体会的道理，只有聪明的人才能保管好自己的钱财。我们这一课的目的在于教会大家如何积少成多，如何将小数额的钱财储存起来，辨别投资机会的好坏，直至获得更多的财产。

"随着财富的积累，一个人的投资机会也会不断增多，而这些机会当中，有许多如海市蜃（shèn）楼般诱惑着你渴望致富的欲望，仿佛能够让你一夜暴富。而一味守住财富，不敢做任何投资的人可算得上是守财奴了，这种人只是钱财的奴隶。

"因此，在你进行投资时，或者借钱给他人时，你首先要确定一下项目的可行性以及借钱人偿还债务的能力和信誉，以免你多年积聚的钱财打水漂，甚至增加一个视你为瘟神的借债人。

"**谨慎地投资，节制你的欲望可以确保财产的安全，你的第一笔钱财是你致富的基石。**如果你不想从头再来的话，请你事先考虑一下你投资的风险。

"我的第一笔投资，对我来说简直是一场悲剧。

"当时，我坚守致富的第一大法则，将我每次的收入储存了十分之一。经过一年的积聚，我终于有了第一笔钱。我把这笔钱投资给了一个砖瓦匠，他告诉我，他要去海洋的另一边做一笔珠宝生意：去提提城买回一些珍贵的珠宝，回国后再高价变卖这些珠宝，其中可以赚得三倍的利润。这个计划看起来很理智。谁知，这个砖瓦匠带回来了一堆形似珠宝的玻璃，一下子我一年的储蓄就泡汤了。这件事情给我的教训其实很简单，把钱交给一个砖瓦匠去做珠宝生意是一件愚不可及的事情。

"从这次投资失败中，我吸取了一个教训：不要轻信他人，而将钱财和精力空掷。在投资之前，一定要和在这种投资方面经验丰富的人商量，你不但可以获得免费的忠告，甚至可以获得一个带给你利润的投资机会。事实上，忠告最主要的用处是避免你钱财的损失。这就是你致富的第四个法则：谨慎投资，避免损失。

"细心地体会这条法则，它能够使你充实的口袋永保丰盈。在你钱财不多的时候从事安全的投资，多与有经验的人商量，牢记有智慧的人给你的忠告，这是你投资应当谨守的法则。

"下面我要说的这个故事就蕴含着这条法则，细心领会，从中咀（jǔ）嚼智慧吧！"

一天，巴比伦的制矛匠拉尔森由于制造出了特别锋利的矛头，得到了国王 50 块金币的嘉奖。

那一天，拉尔森无比开心。他昂首迈着大步，让口袋中的金币相互撞击发出悦耳的声音。50 块金币！拉尔森觉得自己非常幸运，一下子拥有了这么多的黄金。这些黄金用来干什么呢？可以购买一块土地、一群绵羊、一群骆驼，几乎他想要什么都可以得到满足了。口袋里装着这些黄金，他觉得其他一切的东西都可以不要了。

但几天之后，拉尔森就遇到了麻烦，他紧锁着眉头来到了马松的店里。马松是当地最有名的钱庄老板，拥有的资产无数，他的店里摆满了珠宝和绸缎。拉尔森径直向马松走过去，没有朝珠宝和绸缎看上一眼。马松优雅地靠在羊皮毯上，正享受着可口的食物。拉尔森喘着粗气，犹豫地向马松说："我是特地来向你请教的，我现在不知道自己该怎么办。"

马松微笑地回答道："可爱的拉尔森，有什么事需要我的话尽管开口。你是不是在赌桌上输光了钱，还是迷上了某个美丽的女子？我认识你这么多年，你还从来没有让我帮过什么忙。"

"不！不是！我不是来向你借钱的，我是想向你请求一些忠告的。"

"忠告！我是不是听错了？这么多年来，别人都是来向我请求黄金的，还从未有人来向我请求忠告。"

"我是真的来向你请求忠告的。"

"制矛匠拉尔森来找我马松不是为了黄金，而是为了忠告。拉尔森你真是聪明。由于众人都来向我借黄金，我比任何人都了解人们的生活、工作和品性。我想这个世界上还有谁会比我更有资格给人以忠告呢？"

马松吩咐佣人为拉尔森铺上毯子，摆上酒菜，对佣人说："这位向我寻求忠告的朋友是我的贵宾，我要好好地招待他。"

"拉尔森，你说吧，是什么让你困惑？"

"是国王的礼物。这份礼物让我十分为难。"

"国王的礼物？你对国王的礼物感到困惑？是什么样的礼物，国王为什么给你这些礼物呢？"

"我为国王制造了一种锋利无比的矛头，因此国王赏给了我 50 块金币。我现在却因不知如何使用这些金币而感到困惑。我的朋友和家人知道我赚了钱，就找来向我借黄金。"

"这是自然。想要拥有黄金的人总是比拥有黄金的人更多。"

"虽然我想拒绝他们的要求，因为这毕竟是我的财产。但是在亲情和友情面前，点头总是比摇头容易得多。我的姐姐恳求我借钱给她的丈夫，她希望她的丈夫可以成为富有的生意人。她觉得她的丈夫从来没有遇到过好机会，但是他要是有钱了就可以把握机会成为富人，到时候再从赚来的钱中抽出一部分还给我。"

马松说："我的朋友，我很愿意与你讨论这个问题。金钱给人以更多的责任。有钱的人也要承担更大的压力。他必须防范强盗抢劫，提防生意亏本，也不敢随意借钱出去。钱能够给人带来力量，但也能带来烦恼。有钱人心肠太好常常会办错事。"

"你听说过一位自称能够听懂动物语言的农夫讲的故事吗？这个故事不是什么好笑的事儿，它教会了人们一些东西。你要知道，借钱和还钱都只不过是一个人手中的钱转移到另一个人手中而已。"

"有一天，这个农夫在农场里听见了一头公牛向驴子抱怨：'我每天从早到晚不停地拉犁耕田，太阳晒得我皮肤发烫，牛轭（è）勒得我脖子发痛，我的双腿累得站都站不稳了，但我还是要努力工作。而你倒好，没有重物压着你，你也不用每天干活，当主人想出门的时候，就会给你披上五彩的毯子，你风光地载着主人游览；当主人不想外出时，你就可以整天休息，烦闷的时候啃啃青草。'驴子的心肠很好，它非常同情公牛的处境。作为朋友，驴子说：'我的朋友，你的工作实在是辛苦，我愿意为你分担忧愁。我教给你一个偷懒的办法，可以让你得到一整天的休息。早上当主人要拉你出去犁田时，

不要把朋友的重负扛在自己身上。

你就躺在地上口吐白沫，大声吼叫，这样主人就会以为你病了，你
就不用上工了。'第二天，公牛的计谋果然得逞了。但是主人却把驴
子拉出去犁田了。晚上夜幕降临之时，主人才将驴子带回来，卸掉
它身上的轭。太阳晒得驴子皮肤发烫，牛轭勒得驴子脖子发痛，驴
子双腿累得快站不稳了。可怜的驴子见着了公牛，公牛先开了口：

'驴子啊，你真是我的好朋友，你的建议让我休息了一整天。'驴子生气地回答道：'而我却像傻子一样工作了一整天。我帮助了朋友，却害得自己帮朋友忙碌了一整天。以后你自己去拉你的犁吧。我要告诉你，主人已经决定如果你还是生病的话，就把你卖给屠夫。我真希望主人这样做，因为你正是一头不折不扣的懒牛。'从此以后，这两个动物就再也没有说过一句话了，它们绝交了。拉尔森，你能够明白这个故事的寓意吗？"

拉尔森回答道："这个故事很有趣味，但我不明白它有什么道理。"

"我想你肯定不明白。这个故事的寓意很简单，那就是，**不要把朋友的重负扛在自己身上。就算是你想要帮助朋友，也要注意方式和方法。**"

"哦，这一点确实有道理。我也不愿意背负我的姐夫的重担。但是，我想知道，你借钱给许多人，他们都会按时还钱吗？"

马松笑了笑，这个问题问的不正是他自己的专长吗？他回答说："如果借钱的人还不起钱怎么办？放债的人通过什么办法判断借钱的人会不会明智地使用借来的钱？我现在带你去看看我库房里的一堆担保品，让它们讲述它们自己的故事吧。"

马松首先来到库房取出一个箱子，这个箱子约有一个人的手臂这么长，外面蒙着红色的牛皮，箱子的八个角都镶有铜片，箱子上着锁。马松一边让拉尔森细看这个箱子，一边滔滔不绝地说："对于有财产的人，当他们向我借钱时，我都会向他们要一些担保品，然后放进这个箱子里。当他们偿还债务时，我就会将担保品还给他们。

如果他们没有偿还债务，这些担保品就会告诉我哪些人借钱是没有信誉的。"

"有财产的人，当他们经济上出现困难时，就会拿一些土地、珠宝等有用物品来抵押借钱。当担保品的价值超过他们所借的债务时，我的借贷就是最安全的。这样到他们需要还钱时，他们就会想法子还钱。就算他们没钱，也可以变卖一些财产来偿还债务。对于这样的借债人，我敢保证我借出去的钱可以连本带利地收回，因为我是根据他们财产的多少来借给他们钱的。

"有一类人虽然没有实际的财产，但是他们拥有技能，并且有一定的收入。他们就像你一样，靠着自己的能力和劳动来赚钱。只要他们为人老实，没有遇到什么天灾人祸，他们一般都能够按时偿还债务以及事先说好的利息。对于这些债务，我也有相当的把握，因为我是根据他们能力的大小来借给他们钱的。

"还有一些人既没有财产，也没有技能，如果他们人品可靠，生活又确实艰苦的话，我也会借钱给他们。但他们必须让信得过的朋友以人格来担保，这样日后他们也会努力赚钱还债。"

马松慢慢地打开锁，拉尔森急切地想看看箱子里面的东西。

这个箱子的最上层挂着一条包裹在一块红色丝绸里的金项链，马松轻轻拿起这条项链，放在手心欣赏，对拉尔森说："这是我最好的一个朋友的项链，但它将永远留在我的担保箱里了，因为它的主人已经去世。这个朋友曾经和我一起做生意，我们赚了很多钱。但后来，他喜欢上了一个美丽的女人，为了讨她的欢心，他大把大把地花钱。再多的钱也经不起他这样挥霍。当他的钱花完后，他向我借钱，并向神灵发誓，他肯定能够东山再起。我也乐意帮助他。但不幸的是，他与那美丽女子结婚后，日子过得不顺心。在一次吵架中，他美丽的太太用刀子刺穿了他的心脏。没多久，他的太太懊悔莫及，随后就自杀了。这块红色丝绸就是那女子的饰物。拉尔森，这条项链告诉你，借钱给陷入苦恼之中的人是不明智的。"

接着，马松拿起一件牛骨做的牛铃说："这是一个农夫的担保品。有一年，巴比伦降临了一场蝗灾，这个农夫深受其害，为着生计，只得向我借钱。我常常向他的妻子购买一些加工过的毯子，因此借钱给他了，等他有了收成就还钱给我。第二年，这个农夫决定做一笔生意。他听说远方有一种名贵的石头，只要不畏艰险，随同一群骆驼商长途跋涉，采购回来加工，就能够以很高的价格销售出去。结果，他的合伙人欺骗了他，把他扔在了沙漠中。"

"哦，这是一颗来自埃及的名贵宝石，他的主人是一位家境还不错的小伙子。他的父母热切地盼望他能够致富，当他的父母拿宝石为他的儿子担保时，我询问他儿子生意上的一些事情，他的父母非常不满，于是就把这颗宝石抵押在了这里，这颗宝石比他儿子借的债还要值钱。当我要他还钱时，这小伙子回答：'我的运气不好，现在还不了钱。'这个小伙子太急于求成了，在知识和经验不足的情况下，做了过多的投资，收不回钱来，生意就垮了。

"年轻人总是雄心勃勃，老想着可以快速致富。为此，不假思索地到处借钱，最终落入了债务的深渊，没有顽强的毅力、不付出巨大的代价是无法自拔的。他不明白，债务是一头猛虎，驾驭不好的话，就会被它吞食。当然如果他有足够的经验和技能就另当别论了。

所以我并不反对年轻人借钱做生意，但我要求他要谨慎，要把钱用在刀刃上。

"当然，大多数借我钱的人都能够按期还钱。例如，骆驼商人达巴希尔就是这样的人。他是一个精明的商人，有着敏锐的判断力。对于借给他的钱，我万分的放心。现在只要他需要钱，我都会按他所需要的数额借给他。同样，巴比伦的其他商人也有着良好的

债务是一头猛虎，驾驭不好的话，就会被它吞食。

信用，因为他们老练稳重。他们的担保品时进时出，我不用操心保管它们。这些商人是巴比伦的宝贵资产，他们进行的贸易促进了商业的繁荣，我很乐意为他们服务，也很乐意为巴比伦的繁荣而帮助他们。"

拉尔森打断马松的话说："你说的这些都很有道理，我也不是不明白，但是我现在应不应该借钱给我的姐夫呢？这 50 块金币对我来说十分重要，但我的姐姐对我非常好，我十分尊重她，不忍心拒绝她的请求。我应该怎么办呢？"

"拉尔森，你姐夫来借钱，你首先应该知道他是用来做什么的。如果是为了投资做生意，那你就要问他，他对这门生意了解有多少？哪里可以以低价买进货物，哪里可以以高价卖出？这种生意有哪些地方是要谨慎防范，以免上当的？你的姐夫知道这一切吗？"

"我想我的姐夫对生意不太在行。他曾经帮助我打造矛头，也熟悉制作工艺品，但没有做过生意。"

"拉尔森，那你可以告诉他，他借钱是不明智的。商人必须要有相当的经验才能学会做那一行生意的窍门。他想发财的欲望是合理的，但却有些不合实际。要是我的话，我就不会借钱给他。

"拉尔森，黄金是借贷商人的商品，他依靠别人借钱还钱而生存。把钱借出去容易，但要把钱收回来就不是那么容易了。他必须谨慎行事，细加考察每一个人借钱的目的和还钱的可能性。一旦有失误的话，他就完了，到时候别人只会远远地躲着他。

"帮助那些有困难的人，很好；帮助那些不幸的人，很好；帮助那些做生意的人，很好；帮助那些寻求发展的人，也很好。但是要记住，当你帮助别人的时候，要有头脑，以免像农夫故事中的驴子一样，在帮助别人的时候，将别人的重负扛在自己身上。这样你在失去一大笔钱的同时，还要再失去一个朋友。

"拉尔森，请允许我再次将这 50 块金币的来龙去脉问个清楚。为此，我要询问你一些问题。你生产矛头有多少年了？"

拉尔森回答："足足有三个年头了。"

"这三年来，你赚了多少钱，存下了多少钱？"

"如果我省吃俭用的话，一年能够存下一块金币。"

"好的，那么你算一下，这 50 块金币需要你足足辛苦工作 50 年才能存下来，恐怕还要省吃俭用才行。你想想看，你的姐姐为了她丈夫的生意，可以让你 50 年辛苦工作的成果处在不安全状态。这 50 块金币是你靠着自己的劳动赚来的，它们是属于你自己的，其他人是没有资格与你分享的。除非你愿意把钱借出去，去赚一些利息。但是你行事要谨慎，你可以将钱分散投资，以降低风险。死守着钱是不对的，但冒着太大风险借钱给别人也是不对的。"

"但我还是不知道怎样和我姐姐说这样的话。"

"你可以这样对你姐姐说：'三年来，我从早到晚辛勤工作，省吃俭用才能存下 3 块金币。平时我都不舍得花上几个银子买一些我想要的东西。我的姐姐，这 50 块金币，我要赚上 50 年才能存下来啊！我的姐夫想做生意致富，我很乐意帮助他，我的朋友马松也愿意助他一臂之力。希望他能够将他的生意计划说给马松听，这样我和马松都愿意把钱借给他，好让他有机会发财致富。'拉尔森，当你这么说时，如果你姐夫渴望致富的话，他就会证明给你看，你的金子也就有了可靠的归宿。

"现在我们回到担保品箱子上来。通过我对你讲的这些担保品的故事，你可以理解到借债的危险和人性的弱点。你拥有一大笔黄金，如果你管理得好的话，你的一生将会富有，用钱来赚更多的钱也是你可以做到的；但如果你使用不当，它们反而会成为你的包袱，甚至会成为你一生痛苦的源泉，使你抱憾终生。

"对待这笔钱，你首先要好好地保管它，因此对你来说最重要的是保证这些金币的安全。你想想看，如果你把钱放到你姐夫手上，这会安全吗？你会放心吗？

"确保了钱的安全之后，你就要用钱来赚更多的钱。为此你要学会谨慎行事，增加你的判断力，用一种可靠的、明智的方法投资或放债，都可以使你赚上一倍的钱，这就足够你这一辈子用了。如果你冒失地借钱给别人或投资，你就失去了赚更多钱的机会。因此，不要受那些不切实际的人的诱惑，不要轻信一些白日梦一样的计划。我听过无数的快速致富的计划，却无一不是以失败而告终的。不要贪图暴利，轻率地把钱借给人家，到头来你的钱就会打水漂，这还不如自己用来挥霍呢。

"我的忠告就是多和那些有识之士来往，与那些在生意上较为成功的人来往。**如果你打算在某一方面进行投资，你就要向这一方面的顶尖人物请教。**他们在驾驭金钱方面有着过人的智慧和经验，他们可以在确保黄金安全的前提下，让钱增值。

"国王送给你的这份礼物，你要用聪明才智才能够消受得起。你还会遇到更多的发财机遇以及更多的投资机会，但是你一定要切记我所说的担保品的故事。它们能够提醒你在你投资之前，首先要确保你的金币的安全。当你以后遇到问题时，不妨想一想这些忠告；如果你还不明白或者需要我的帮助，你可以随时来找我。我愿意继续给你忠告。"

拉尔森正要向马松致谢告别，马松又想起了一件事，对拉尔森说："拉尔森，你来看看我铭刻在担保品箱子里的一句话，这句话时刻都在提醒我自己以及所有的借债人和放债人。"

"谨慎投资胜过事后追悔。"

5

提高你的信誉
Increase your credit

第五章 / Chapter Five

第六天，阿卡德如是说：

"如果你有一个很好的计划，得到了拥有经验的人的支持，这时，你积攒的财富又还不够多，在这种情况下，我并不反对你借钱。正如你可以借钱给他人一样，你也可以向他人借钱，从而达到自己致富的目标。这方面有很多成功的例子，俗话说，如果你给我指出一位百万富翁，我就可以给你指出一位伟大的借贷者。

"我年轻时也得到过他人的资助，借来的这笔钱帮了我一个大忙。所以我要说，借钱和还钱是商业的正常情况。即使你很有钱，你也很可能要向他人借钱，往往也会把自己的钱借给他人。

"我要强调的是，如果你想从别人那儿借到钱，首要的前提是：你必须保持信誉，必须在承诺的期限内按约定的时间偿还债务。只要你有信用，你就能借到钱，才能用钱赚钱；同时，在借钱还钱的压力之下，你往往能够激发自己赚钱的能力。缺少信用的人，在商业上是不可能成功的。

"信誉是一种美德，是一种可以带来其他美德的美德。为了维护自己的信誉，你会日夜工作，你会谨慎投资，你会把每一分钱都用在能够赚上两分钱的商业上面，由此你赚钱的能力也会逐渐增强，然后，你的信用也会日渐提高。除此之外，你还获得了自信和他人的尊重。任何人都应该努力建立自己良好的信誉，使人们都愿意与你深交，都愿意竭力来帮助你。

"年轻的商人常常以为，一个人的信用是建立在金钱基础上的。只有一个资本雄厚的有钱人，才谈得上信用。其实这种想法是不对的。有眼光的放债人看重的绝对不是钱财，他重视的是你高尚的品格、精明的才干、吃苦的精神和良好的习惯。

"**信誉是可以努力培养的。**对于信誉的培植，我可以告诉大家一点经验。自从我成为巴比伦最富有的人之后，我就常常放债，那些借钱的人，有些有信用，而有些就是无赖了。

"经过多年的观察，我只会将钱借给具备下面一些特点的人，也就是那些有信用的人。而这些也就是你们需要细加培养的。

"首先，一个有信用的人必定是一个注重自我修养，善于自我克制，做事恳切认真的人。为了建立良好的信誉，他会设法纠正自己

信誉是一种美德，是一种可以带来其他美德的美德。一定要为自己树立良好的信誉。

的缺点，他会行事踏实可靠，做到言出必有信，他在与人交易时会做到诚实无欺。这是获得信用的最重要的条件。

"其次，一个有信用的人必定是一个有专长的人。一个想要获得信用的青年人，必须拿出成绩让人看，证明他是一个才学过人、富于实干的人。如果一个人实在是才能平平，那我劝他，在他拿出多年的储蓄进行投资之前，应多了解这个行业的情况，去多学习这个行业的技能，去多向有经验的人请教。这样当他在某一方面有所专长，他给人留下的印象就要好得多了。先拥有专注这一行的精神，才能有专长。

"最后，一个有信用的人必定是一个拥有良好习惯的人。拥有良好习惯的商人远比那些沾染了各种恶习的人更容易获得他人信任。世界上有不少人因为有一些不良的习惯，使得其他人始终不敢对他抱以信任，从而导致他的事业受阻，往往就在快达到成功的时候，因为没有信誉而无法再向前发展。一个人沾染了恶习或者行为不良，大多时候自己意识不到，但是与他打交道的人却看得很清楚，因为人们是很看重这些东西的。因此，一个注重培养良好习惯的人要更注重他人对自己的评价，甚至为此要多向他人请教，诚恳地询问：'我还有什么地方做得不好？'什么是良好的习惯呢？这往往要看他做的是哪一行的事情。但至少有一点是共同的，那就是勤于思考，敏于行动的习惯，也就是正确的做事和做正确的事的习惯。一个人即使资本雄厚，但如果做起事来头脑不清，优柔寡断，那么他的信用仍然维持不住。

"拥有信誉的人就获得了成功的一大半。有一些商人对于信誉一事漫不经心、不以为然，不肯在这一方面花费心血和精力。这种人肯定不能把事业做大，也不能做长久，他随时可能面临困境。我奉劝在座的青年人：你应该随时随地提高你的信誉。一个人的信誉不是建立在空想中的，必须付诸行动，因为别人是根据你的行动来衡量你的信誉。以坚强的意志、踏实的行动去获得你的信誉吧！

"下面我要给大家讲的一个故事就说明了这一道理：信誉是成功的基石。还债比躲债容易得多。只要遵循我所说的致富法则，我相信就算是一个债务缠身的人也可以通过还债实现富裕的梦想。

在巴比伦的一所学院里，一位博学的教授索贝里陷入了债务的困境。索贝里学识渊博，是一位非常优秀的老师。但有一点，他在生活上缺乏条理，尤其是在财务上，虽然他每个月收入不少，但总是不够花。

俗话说，你不理财，财不理你。事实就是如此。

偶然的一天，索贝里收到了另一位教授卡德尔的一项委托，请他考证一下卡德尔教授在巴比伦的废墟中挖掘出的 5 块泥石板上的文字。

在收到泥石板后，索贝里给卡德尔教授写了一封信。

亲爱的教授：

我对您送来的巴比伦的泥石板非常着迷，这也就是我为什么现在才给您回信的原因。

您最近寄过来的 5 块从废墟中挖掘出的泥石板以及您的来信，我早已收到并拜读了。很感谢您对我的信任。受您的委托，我已经将泥石板上的文字译出，随同本信一同附上。

我敢肯定，在您看完这些译文时，您会被这些译文所描述的故事感动。

在收到这些泥石板时，我和我的同事以为这些文字讲述的应该是如同《一千零一夜》一样的浪漫传奇故事。然而，令我们惊讶的是，在我们研究之后，发现这些泥石板的文字是一个巴比伦奴隶的日志，是一个名叫达巴希尔的奴隶为了还清债务、恢复自由而留下的心路历程。

非常奇怪，这些泥石板上的文字极具感染力，我不知不觉就受到了文字的影响。很有趣，我一直被认为是一位学识渊博的教授，却要向这样一个巴比伦的老兄达巴希尔学习。千真万确，达巴希尔留下的文字教给我一些我从未听说过的致富方法，让我在偿还债务的同时，也积聚着财富，让我的口袋慢慢鼓起来。现在我和我的妻子正在计划进一步实践这位巴比伦老兄的方法，来改善我们的财务状况，用通俗的话说，就是多赚点钱。

如果您有同感的话，我很乐意向您推荐这套致富方法。

希望您在巴比伦的工作能够有进一步的成果，我也热忱地盼望能够再有机会为您效劳。

您忠诚的索贝里

索贝里随后附上巴比伦泥石板的译文。

第一块泥石板

我是达巴希尔，几天前刚刚从叙利亚的奴隶生活中逃回巴比伦。我在此立下誓言：我决心偿还我欠下的所有债务，成为一个值得别人尊敬的富人。

在这个月圆之日，我要将我的致富计划永久地刻在这块泥石板上，让它来见证我的誓言。

今天我得到了我的好朋友钱庄老板的帮助，他给我提了一些很好的建议。根据他的建议，我制定了以下计划，并以此来摆脱债务，踏上致富的道路。

这个致富计划有三个要达到的目标：

第一，这个计划将使我的钱包鼓起来。具体的办法是将我每月收入的十分之一储存起来。

马松说得很对："口袋有钱的人会给家人带来幸福，也会给社会带来稳定；口袋无钱的人则没有能力照料他的家人，也不会关心社会，甚至也很难关心自己，因为他将陷于贫困而无力自拔。所以只有有储蓄的人才会关爱家人和社会。"

第二，这个计划可以维持我的家用。具体办法是将收入的十分之七用来养家。我的妻子已经从娘家回到了我的身边，愿意与我同甘共苦。我必须为了家人努力赚钱。

马松说："一个忠实的妻子会使男人拥有自尊，并促使他尽他所有的力量去实现目标。"因此在生活当中，我会量力而行，不会购买一些用不着的贵重物品。我们可以支付必要的生活开支，我们的生活仍然会快乐，因为我们不断地在接近目标。

第二块泥石板

第三，这个计划可以让我还清债务。具体办法是将收入的十分之二用来偿还债务。我拜访了我的所有债主，请求他们宽限我还债的期限和方式。我告诉他们，我准备用每个月的十分之二来还债，我会把这些钱平均地还给我的每一个债主。我告诉他们，在欠他们的钱未还清之前，我不会购买任何与我经济状况不相称的物品。这样随着时间的推移，这些债务将逐步被还清。

我在这里写下我欠下的所有债务，我会把这个债务清单抄送给我所有的债主过目，希望大家帮助我实施。

纺织工	拉里	2 个银币	
铁匠	扎尔提	3 个银币	
朋友	阿达	3 个银币	6 个铜板
朋友	达卡	4 个银币	
朋友	哈林	11 个银币	7 个铜板
农夫	马特	2 个银币	3 个铜板
珠宝商	迪波尔	16 个银币	2 个铜板
钱庄	马松	22 个银币	
……	……	……	

第三块泥石板

我欠下的债务总计有 183 个银币和 116 个铜板。当初就是这些债务逼得我离开巴比伦，逼得我的妻子返回娘家。债务是我的敌人，是我最后沦为奴隶的根源。我要成为自由人，一个受尊敬的人，我首先要战胜的就是这些债务。马松教给了我致富的方法，可以帮助我摆脱债务，更使我意识到了我当初逃避债务是多么的愚蠢啊！

马松告诉我，躲避债务比还清债务更艰难。的确如此，我十几年的经历证实了这一点。躲避债务使我成为奴隶；还清债务却会使我成为自由人。

我，达巴希尔将以这三块泥石板为证，再次铭记下我的誓言：堂堂正正地做一个自由人。

第四块泥石板

距离上次刻写泥石板已经有三个月了。我很高兴，我忠实地实施了我的计划。虽然有很多阻力，也承受了巨大的压力，但我终于还是将每个月收入的十分之一储蓄起来了，现在我口袋里已经有 21 个银币了，我每个月也按时将收入的十分之二偿还给我的债主，虽然面对债主时难免没有什么好脸色，但总算债主们也以客人的礼仪来招待我了，我从他们的眼中看见了希望。

感谢我的妻子，她乐意和我每个月以收入的十分之七来度日。这些钱确实有些拮据，我们只得想法节制消费，免去了不少物品的购买计划。但我们发现，其实一些便宜的物品也能够满足我们的需要。我的妻子将家里照顾得好极了，她把自己打扮得漂漂亮亮的，这让我们的生活增加了许多乐趣。

　　这个致富计划真是有效。慢慢地，我的人生重新获得了尊严。我看见我的信誉逐渐地在朋友之间建立起来了。他们愿意和我合伙做一些生意，也愿意委托我保管一些财物。马松、达卡、哈林也常常在生意上为我提供帮助，这使得我赚钱的能力大大提高，现在我赚的钱已经比第一个月大大增加了。我想我可以加快还清债务的过程了。

第五块泥石板

　　选择在今天刻写泥石板是因为今天是我的所有债务完结之时，这是一个值得庆祝的日子。为此，我和我的妻子放声高歌，庆祝我们的目标完成。

　　从第一块泥石板到现在，已经过去了整整 12 个月。这一年来，我的生活和工作发生了不可思议的变化。我发现人生原来是如此的美好。

　　这一切都要归功于这个马松传授给我的致富计划，它一举完成了我制定的三个目标，一是装满钱包，二是维持家用，三是还清债务。我愿意向每一个朋友推荐这个致富计划，我想既然一个奴隶都可以用它来偿还所有的债务，那么，每一个自由人、每一个平民都将可以用它来实现致富的梦想。

　　我不会停止这个计划，我会将这个计划进行到底。因为我相信，只要我坚持这个计划，我终将成为一个富有的人。

13 个月后，索贝尔教授抑制不住对巴比伦泥石板的感激之情，同时，他也非常想向卡德尔教授展示这种神奇的致富方法，于是又向卡德尔教授写了一封托他问候巴比伦老兄的信。

亲爱的卡德尔：

我想请你帮我一个忙。如果你在挖掘巴比伦废墟的时候，遇见一个骆驼商人达巴希尔的灵魂，请代我告诉他，他刻在泥石板上的日志已经获得了一位教授的尊敬和感激。

我记得在一年前的一封信中，我跟你说过，我和我的妻子准备应用这位巴比伦老兄的方法偿还债务，同时也攒下一笔钱。

你知道，我和我妻子的家境一直都不好。尽管我们强装体面，但是多年来，我们饱受贫穷生活的折磨，不得不借债度日。长期以来，我们担惊受怕，生怕自己还不起钱的事情让大家知道，这有可能会让我们抬不起头来，最后不得不离开学校，离开巴比伦。

我们一边借钱一边还钱。但是，每月的工资都无法还清债务。虽然如此，我们的消费却是个无底洞。因为周围的商店都同意我们赊账，所以我们常常购买一些贵重的物品。

这样一天天地恶性循环下去，我们越来越难以自拔。我们欠下了高额的房租，却又无法搬出去租比较便宜的房屋。我们还借了同事们大量的债务无法偿还。我们似乎走投无路了。

这个时候，我们收到了你寄来的泥石板，从此认识了你的这位老兄达巴希尔。他的经历与我们类似，他的计划让我们深受鼓舞。可以说，我和这位老兄有着相同的目标。于是我遵循达巴希尔的方法，将我们的所有债务公开拿给我们的每一个债主过目。

我向债主们解释说，我们现在的状况，根本无法马上偿还他们的债务。我唯一所能够做到的事情就是，每个月拿出工资的五分之一来还债，平均还给每一位债主，这样不到两年，每位债主的债务都可以还清了。我还要请他们原谅，我们每个月不得不拿出大部分的工资用于家庭生计。

债主对这个清单一目了然，也很同情我们的处境。最后，我和这些债主达成一个口头协议：

只要我每个月按时用工资的五分之一平均还给每一位债主，他们就不会上门来打扰我们。

有一个债主好心地给我们建议，让我们不要再赊账购买物品了，我们只购买用现金支付得起的东西。这是一个好建议，我们采纳了。非但如此，我们还设想每个月再拿出十分之一的收入用来投资或者储蓄。

做出这种决定实属不易。但为了实践我的诺言，维护我的信誉，我一直艰难地坚持着。但事实证明，我们能够按这个计划实施下去。我们把20%的工资用来还钱，70%用来消费，10%用来投资。我们不再购买我们平时爱喝的几种好酒和其他贵重的物品，但不久我们就发现我们也可以用更便宜的价格买到我们同样爱喝的好酒。

这个计划实施的时间越长，我们的生活反而过得越轻松。我们不再花时间消费一些用不着的东西了，我们不再花精力向债主们讨价还价了，我们为自己的每一次进步而庆祝。想象着最终能解决债务，我们多高兴啊！

那存下的 10% 的钱慢慢地显示出了它的妙用。刚开始，我们发现存钱原来比花钱更让人安心。

再后来，我们就开始用这些攒下来的钱进行投资，而投资是我们所做过的最愉快的事情，使我们的生活平添了不少乐趣。

随着投资能力的增长，我们的钱开始赚钱了，这笔钱也可以让我们过着安心的生活，这与开始靠工资生活的水平真是不可同日而语。

这真令人难以相信，因为有了这种理财计划，给我们一家的生活带来了如此多的变化：我们的债务逐渐减少，而我们的投资带来的收益却在逐渐增加，我们的理财技巧也在不断增长。

于是我们决定加快还钱的计划。预计再过两个月，我们的债务就可以全部清除了。这使得我们的债主也开始对我们尊重起来了，并且表示愿意借钱给我们进行投资。这样一来，有些债务就直接转为了投资；有些债主对我信任起来，甚至交给我一些生意，帮助我进行投资；这些大大缓解了我的财务压力。但我想我们暂时还是不要借钱投资，因为我们投资的钱足够了，我们甚至还有多余的钱用来度假。我们依然坚持只花 70% 的钱用来消费。

说到这里，你应该明白我们为什么要向这位巴比伦老兄致谢了。正是他的致富方法挽救了我们，使我们脱离了贫穷的苦海。

达巴希尔一定会明白这一切的，因为他留下泥石板，就是为了给后人以启迪。他希望后人能够从他的经历当中领悟一些道理。毕竟他是一个从贫苦当中过来的人。

我的经历再一次验证了这些泥石板上的致富法则的正确性。我愿意向每一位乐意了解我的故事的人推荐这些法则，并且同意任何人都可以将我的这两封信上的内容公开，以此表示我对达巴希尔的感激之情。

巴比伦教授索贝里

6

为未来的生活做准备
Insure a future income

第六章 / Chapter Six

第七天的课上，阿卡德如是说：

"我们每个人从小到大以至到死都得要生活，要生活就得不断地花钱，这便是人生的漫漫长路。当然，那些不幸过早得到神灵召唤的人例外。因此，我想说的是，一个人每时每刻都得预备好足够的钱财，以免意外发生，更重要的是他必须积累资金以安度晚年。今天，我要讲的是关于预备钱财的问题，赚钱难，预备钱财也不易，但必须学会这一点，人生才能有备无患。

"大多数巴比伦的男人生活压力都很大。在他们事业起步之时，他们往往只能租房。他们一边支付着沉重的房租，一边负担着妻儿的生活。当他们还处于窘困的租房阶段时，他们的妻子不能在园子里养花种草，孩子也找不到地方玩耍，只能待在肮脏的街头。

"巴比伦的男人都是一些负责的男人，渴望着拥有一块自己的地产，让孩子在其中游戏，让妻子在其中愉悦心神。哦，也可以种植花果，让你回家后可以吃到自家产的无花果和葡萄。这样一个地方，可以让男人自信从容，是男人努力奋斗的基石。因此，我建议每个人首先要拥有一所自己的房子。

"同时，我想告诉大家的就是，那些从事借贷业务的钱庄很愿意为大家提供这种借贷的服务。如果你想要购买自己的房子，你只要提出合理的方案，包括你借钱的数目、你工作的计划及你偿还债务的办法，你就能够借到钱，买到称心的房子。

"为了偿还债务，你努力工作，谨慎投资。偿还完债务之日，你肯定会快乐无比，因为你已经拥有了人生最重要的资产，这时候你不需要再支付房租，也偿还了债务，你唯一的负担就是国王的税。

一定要学会为自己预备点钱，只有这样，人生才能有备无患。

　　"你在家庭可以享受欢娱：妻子的欢笑，孩子的游戏，这就是一个男人事业开始的地方。

　　"拥有房子的人就拥有了许多好处。他购买的房子可以永久保持其价值，甚至可以升值。由此，他的生活压力将减少，他的宏图将得以施展，同样，他也可以留出时间和金钱来享受人生的乐趣。

　　"拥有自己的房子吧！这是为人生预备的最重要的资产。

一定要拥有自己的房子，要不然妻子就不能在园子里
养花种草，孩子也找不到地方玩耍。

"懂得生财之道的人必定会重视将来。他们有长远的投资规划，以确保未来的安全。到他们老时，到他们病时，他们就有预备好的钱财。

"除了购买房子，一个人确保生活无忧的方法还有很多种。比如，找个地方把钱埋进去。但是无论他埋得多么隐蔽，也难保不会被盗贼挖走。因此我建议大家不要采用这种方法。

"他可以定期将收入的一部分钱存入钱庄，就可以定期获得利息，如果再将利息存入，他的钱财就能够大大增加。我认识一位铁匠，他每周将 2 个银币再加上这些存钱的利息存入钱庄，到现在为止已经 8 年了。就在上个星期，他与钱庄老板计算了这笔存款，现在它们已经价值 1120 个银币。大家想一想，如果继续下去，再过 12 年，他会有多少钱？根据我们的计算，他的钱将达到 6000 个银币，哦，这些钱足够他下一辈子的花费了。

"当然，有人想将钱财用来投资，但是我建议大家，不要动用这笔钱。因为无论他对生意和投资多么在行，他也需要有一笔钱来支撑他的家人和下半辈子的衣食。而这种小额的定期存款将有助于他人生的完美。

"这就是我劝导大家的，在投资时，不要把所有的鸡蛋放在一个篮子里，不要把所有的钱放在风险大的事情上。你投资的风险越大，你就越要确保你其余部分财产的安全。

"这就是第六讲：为将来做准备。

"下面我要给大家讲的故事，说的就是这个道理。"

在巴比伦最强盛的时期，我们的国家经历过一次生死存亡的战役，这次战役的规模并不大，双方投入的兵力都不多，但却对巴比伦构成了亡国的威胁。

当时，巴比伦可以说是民富国强，由于受到东方埃米人的侵犯，国王带领大军亲征去了。谁料，就在这远征期间，亚述人的军队突然兵临城下，对巴比伦城发动了攻击，形势极其凶险。

巴比伦城里留下的部队不多，兵

不要把所有的鸡蛋放在一个篮子里，不要把所有的钱放在风险大的事情上。你投资的风险越大，你就越要确保你其余部分财产的安全。

力严重不足。这就要怪我们的国王了，他没有预料到亚述人的进攻。幸好，平时我们的军队供给充足，训练严格，留下来守卫城墙的都是一些经验老到的精兵强将。老将军班扎尔就是其中一位，他带兵守卫在最前线。

当时，班扎尔负责北城墙的守卫，那正是亚述人大军压境的地方。城外，敌军成千上万，杀气腾腾。城内，班扎尔将军带领他的战士枕戈待旦，誓与城墙共存亡。班扎尔年轻时曾跟随国王东征西战，立下了汗马功劳。此次国王出征时，他曾建议国王防范亚述人的攻击，但国王没有重视他的意见。

班扎尔将军却没有疏忽对亚述人的防范，他密切注意着亚述人的动静，在亚述人大军压境之时，他就已经做好了充足的准备：备好了充足的粮草，打造了足够的弓箭、盾牌和枪矛，甚至备下了油，以备敌人攻城之时，烧烫油摧毁敌军之用。

更重要的是，巴比伦城墙已经在敌军来临之前得到了修理和巩固，任何一个可能成为缺口的薄弱地带都得到了重点防范。

亚述人在包围城市的第三天后发动了攻击，重点就在班扎尔守卫的北城墙。一时，万箭齐发，鼓声震天，敌军不断用重槌撞击城墙。

班扎尔也命令战士万箭齐发，在敌人靠近城墙之前重挫敌军士气。在敌军企图用绳梯攀登城墙时，班扎尔将准备好的滚烫的油沿着城墙壁浇下去，而勇敢的战士则在墙头用枪矛刺杀任何试图登上墙头的敌人。

每到晚上，当敌人撤退，班扎尔布置好战事防线后，总有许多人前来拜见。

一位老商人战抖着双手，向班扎尔哭诉："敬爱的班扎尔，请告诉我，敌人无法攻进城来！我的儿子已经跟随国王东征埃米人去了，家里只有年迈的老伴和我年幼的孙儿。我们老的老，小的小，已经无力防范敌人了。请神灵保佑班扎尔，保护我的财产和我的安全。请告诉我，亚述人攻不进来。"

班扎尔回答道："请你完全放心，请告诉你的家人，巴比伦城墙坚不可摧。请回到市集，告诉众人，城墙将保护你们所有人的安全和你们的财产，保护国王的国土和产业。请大家放心。注意千万不要靠近城墙，以免敌人的弓箭伤着你们。"

一位抱着孩子的妇人上前请求班扎尔："将军啊，城墙上有什么动静吗？我那可怜的丈夫想知道实情，请将军如实告诉我。我的丈夫因为受伤而生命垂危，但他仍坚持要持矛保护我们家人的安危。他说，敌人进城之日就是巴比伦亡国之时啊！"

一个小女孩拉着班扎尔的衣角问道："请告诉我，我们安全吗？那可怕的声音让我夜不敢眠。我看见我们的战士流血了，我好害怕，我的妈妈，还有弟弟、妹妹都在家担心极了，我们的城墙还坚固吗？"

这位沙场老将环视众人，用威严的声音告诉大家："回到你丈夫身边吧！回到你母亲身边吧！巴比伦的城墙会保护你们的。100多年前，我们的瑟米拉斯国王建造了这巴比伦城墙，就是为了保护我们大家的。这100多年来，巴比伦城墙从未被攻陷过，巴比伦城墙坚不可摧！告诉你们的家人，告诉你们的亲人，告诉你们的邻居，巴比伦城墙会保护你们的。"

巴比伦战士深谙进攻是最好的防守这一道理。每当敌人白天进攻完毕，晚上班扎尔将军就会组织队伍偷袭敌军，让敌人不得安宁。班扎尔借着城墙的优势，屡屡攻击敌军，有一次差点活捉了敌军的首领。巴比伦战士勇敢地坚守各自的岗位，一旦他们受伤或是死亡，马上就有另一位勇敢的战士换上。敌人连续3个星期的进攻一次比一次更猛烈，班扎尔的神色日益严峻。城墙脚下已经血流成河，尸横遍野。城墙上的战士所流的鲜血与城墙的泥土混合在一起，染红了城墙的每一块砖瓦。

已是第四周了，在敌人攻击的第 5 天晚上，班扎尔抵挡住了敌人的又一轮进攻。第二天，当初升的太阳照在巴比伦城墙的顶端时，亚述人终于结束了他们的进攻，丢下进攻的槌和战车，往回撤退了。迷漫的尘土消失后，城外就再也看不见活着的亚述人了。

城墙上，巴比伦战士大声欢呼；城墙下，百姓人头攒动，相互拥抱着，庆祝守城的胜利，欢呼之声四起。城墙上燃起胜利的火柱，冉冉上升的烟火将巴比伦胜利的消息传遍了整个城堡。

巴比伦城墙保护了城里的财富和人民的安全，这也就是巴比伦能够世世代代发展下去的基石。在巴比伦几百年的历史上从未有敌人掠夺过人民的财产，破坏过百姓的经济。

巴比伦城墙坚不可摧！

讲完这个故事，阿卡德沉默了一会儿，便于大家领会故事的寓意。然后，阿卡德说：

"从这个例子里，我要告诉大家的是，我们

我们每个人都需要有一座巴比伦城墙，并随时修缮和巩固它，来保护自己的财产和生活的安全。

每个人都需要有一座巴比伦城墙，并随时修缮（shàn）和巩固它。

"在今天的商业活动和生活中，随时都有可能发生不测，我希望大家都能够有一份基业，例如房产和储蓄等，可以保护自己的财产和安全。在战场中，攻击是最好的防守；同样，在金钱方面，投资就是最好的保护。除了储蓄和房产，你还拥有几门投资的生意，并且能够从生意中获利，那么我相信你的一生在金钱方面就无须过多的忧虑。当你投资的生意到达一定规模的时候，你的钱就能成为你荣耀地位和身份的象征了。

"我们付不起没有保护措施的代价。受巴比伦城墙故事的启发，我想了一幅图来表达这种'为未来的生活做准备'的观念。请大家看我手中的这张卡片上的这幅城墙图。

"大家可以看见这幅图由套在一起的四个圆组成。你们未来的生活就位居圆的中心；其次是房产，它是你生活的第一层保障；再次是储蓄，它构成了你生活的第二层保障；最后是投资，它是你生活的最外层保障，也是你生活中最有力的保障，因为它能反守为攻，不断地增长你的力量，从而确保你生活的安全。这幅图我将它称为'巴比伦城墙安全图'，它是你未来生活最可行的安全保障。"

巴比伦城墙安全图

7

增强你的赚钱能力

Increase your ability to earn

第七章 / Chapter Seven

第八天，阿卡德教导学生说：

"我想问问大家，解决贫困最有效的办法是什么？是黄金吗？我要告诉大家，脱离贫穷的力量不在于金钱，而在于你们自身。每个人的黄金都在他们自己身上。

"不久前，有一位年轻人向我借钱。我问他为什么要借钱，他说自己的钱不够用，总是入不敷（fū）出。我告诉他，在这种情况下，他肯定是一个偿还能力很差的借债人，借钱是不能解决问题的，问题在于他自身。我对他说，年轻人，你必须控制自己的开支，确保有一部分钱存留下来。你现在要做的是去赚更多的钱，去增加自己的赚钱能力。他回答说，我现在所做的，就是不断地要求主人给我加工资，只不过这种要求没有得到满足。但是再也没有人比我更勤快地要求加工资了，几乎每周我都要向主人提出请求。

"我知道了他的目标是要求主人加工资，于是我告诉他，若想要主人给加工资，必须努力工作。我相信没有一位主人愿意失去一个勤奋的仆人。

"大家不要嘲笑他，虽然他的要求如此简单，但他的收入却可能因此真正增加，因为他拥有致富的强烈欲望，这种欲望是很正常的，也是很正当的。

"如果大家想要致富，首先就必须有这样的欲望，这种欲望越强烈越好，越明确越好。一个人若想成为百万富翁，他的这个欲望就不能太空洞，也不能太分散。比如说，他可以把欲望分成几个阶段，第一步想要拥有 5 块金子，实现了这个目标之后，然后再想要拥有 10 块、20 块金子，直到 10000 块金子。这样他就会成为百万富翁

每个人的宝藏就在自己身上。

了。为什么他能一步一步地走向富有呢？原因在于，在他实现前一
阶段的目标时，就积累了实现下一个目标的实力。这是在分阶段进
行训练，训练他致富的能力，而这种能力无法一蹴（cù）而就。

　　"所以我要强调的是，欲望一定要简单明了，如果欲望太杂乱、
太大，以至于超出了自己能力所及的范围，那么在实现过程中就必

只有强烈的欲望才能激发我们去靠近目标。

然会受挫而失败或者迷失方向。

"一个人只要专注于自己的业务，他赚钱的能力就会不断增长。就我自己来说，当我还是个泥石板工人的时候，我每天大约能够赚上两三个铜板，而别的同事可以赚到七八个铜板，原因在于他们刻泥石板刻得比我快，所以薪水也比我高。于是我仔细观察别人的方法，我以极大的兴趣进行钻研，我花了更多的时间和精力在泥石板上面，慢慢的我的速度和质量就超过了我的同事，因此我的报酬也就比别人高了。老板也因为我工作努力而更加器重我，我的才能也就能够充分地发挥出来了。

"随着我们的才能和智慧不断地增长，我们口袋里的钱也会不断增多；而钱越来越多，我们的才智和经验又继续不断增长。这是一个良性循环的过程，也是财富的快车道，我希望大家尽快踏上这条快车道。

"如果你是个铁匠，你就向技艺最精湛的师傅请教；如果你是个医生，你就多和同事交流心得；如

欲望一定要简单明了，否则我们就容易因为杂乱的欲望而迷失方向。

不管我们从事哪种职业，都要力争上游。

果你是个律师，你就多向智者学习；如果你是个商人，你就要不断地寻找满足人们的需求的机会。

"无论哪个行业的人都要不断地在工作中追求进步，在本行业中力争上游。一个对工作充满热情的人，他的能力就会不断增长，他的钱就会越来越多。我希望各位不要停滞不前，所有的大路都能够通往罗马。

"有经验的智者讲述过如何才能致富，他们对我讲过，一个踏实稳重的人应该做到以下几点：

"一、节制消费，不要购买自己力所不及的物品，不要购买那些现阶段用不着的物品。

"二、如果借了别人的钱，一定要算好期限，竭尽所能偿还债务。

"三、照顾好自己的家人，对待自己家人要比对待其他人更好。

"四、照顾好自己，注意自己的安全和健康，以免自己过早地离开人世而撇下家人不管。

"五、帮助有困难的人们。这种帮助要适度，而不要使他们依赖于你的帮助。

"因此，在这里，我要向大家宣告致富的第七大法则，那就是：增强自己的赚钱能力，提高信誉，培养智慧，行事稳重。我相信，你们的心中会充满着自信和勇气，会制定周全的计划来实现自己的致富梦想。

"为了达到增强自己的赚钱能力这一目标，我曾经使用过一个非常有效的方法，它在我成功致富的过程中发挥了重要的作用，今天我非常愿意将它奉献给在座的诸位。此方法运用的微妙之处，还望大家能细心体会。这个方法我将它称之为'阿卡德分类表'。如我手上拿着的卡片所示，事情或者是金钱的运用都可以按它的时间程度分为'紧迫'和'不紧迫'，也可以按它的作用分为'重要'和'不重要'。将这四项排列组合，列入表格中，就是你们现在在这张卡片上所看见的。"

阿卡德高举着卡片，仿佛高举着火炬的智慧之神。这智慧开启着人们头脑中的灵光。

　　学生们可以看到卡片上表格如下：

阿卡德分类表

	紧迫	不紧迫
重要	I. 紧迫且重要的事情 • 日常生计 • 危机关头 关注这一类事情的结果 • 压力特大 • 过于疲惫 • 处理危机 • 收拾残局	II. 不紧迫但重要的事情 • 长远规划 • 开拓进取 关注这一类事情的结果 • 远见卓识 • 自制力强 • 长远目标 • 未雨绸缪
不重要	III. 紧迫但不重要的事情 • 不速之客 • 突发小事 关注这一类事情的结果 • 急功近利 • 缺乏自制 • 没有目标	IV. 不紧迫且不重要的事情 • 烦琐工作 • 休闲娱乐 关注这一类事情的结果 • 无聊透顶 • 荒谬有趣 • 没有目标

阿卡德向台下几十位听众解释说："重要的事情往往都与人生的目标有关，凡是有利于个人价值的增长、有利于个人目标的实现、有利于人生幸福的事情都可以认为是重要的事情。而紧迫的事情常常是那些时间上不容许推脱，要立即加以反应的事情。一般人的自然偏向是关注紧迫的事情，因此他的注意力常常集中在第Ⅰ类和第Ⅲ类的事情上；一般人的自然偏向是忽略不紧迫的事情，因此他往往忽视了第Ⅱ类和第Ⅳ类的事情。

"令人惋惜的是，很多人由此忽略了第Ⅱ类的事情，而正是第Ⅱ类的事情决定了一个人成就的大小，富人和穷人的差别也在于此。这个表的作用就在于可以区别各类事情，帮你从中选出第Ⅱ类的事情，并且贯彻实施它。我希望大家可以运用这个方法，花上几天的时间将你人生中所必须或者可能要做的事情进行分类，将它刻在泥石板上，每天用它来检查自己的行动，确保自己所处理的事情大多数处在第Ⅱ类中，由此我相信你的赚钱能力就会不断得到提高。而这是确保你一生富裕的重要因素。"

8

拥有自由人的意志
Have the soul of a free man

第八章 / Chapter Eight

一天，阿卡德再次召集学员说："感谢大家这几天来一直坐在这里听我讲课，从你们这难能可贵的恒心上，我似乎看到了由阿尔加美什传授给我，并在我和我儿子身上得到验证的致富法则，即将在巴比伦这块美丽而神奇的土地上开花结果的美景。在上面的几堂课中，我一共讲了七大法则，我想大家对它们都已了然于胸，并跃跃欲试准备去行动了，这七大法则是伟大的智慧，只要你去实践它，一定会取得累累硕果。那么，有人肯定会问了，既然你把七大法则都告诉我们了，今天为什么还把我们叫过来，难道还有什么别的秘诀？

　　"是的，我亲爱的朋友，我所知道的七大法则都传授给你们了。但是，我还想对你们说点什么。诀窍在很大程度上就是一种工具，一种实用性很强的工具。正如一把好刀需要一位会用刀的人才能达到削铁如泥的效果。同样，获得财富的七大诀窍也需要用正确的方法保证其取得实效。为了避免遭到一些人的责难，我觉得还有必要在这七大诀窍之外，再讲三种品德：一是要拥有自由人的意志，二是要辛勤工作，三是要勇于行动。它们和上述七大法则同样重要，而且对一个人事业的影响更为深远。

　　"你们先来听我讲一个故事。"

　　有个名叫达尔德的人已经两天没有吃东西了。一个人越是饥饿，他的神志反而越是清醒，以至于任何食物都逃不过他的嗅觉。

　　在巴比伦的集市上，达尔德从未发现过食物是如此的诱人。饭店传来了菜香，丁当的锅盆声如天堂的仙乐。他再也迈不开脚步了，在饭店门前转来转去，思索着怎样才能一饱肚皮。他想着也许能够碰见熟人，硬着头皮，借两个钱。又或许，对着老板给足笑容，再赊赊账，过了今天再说。再也没有什么比这一顿饭更让他焦心的了。

可偏偏冤家路窄，他的债主——一个精明冷酷的骆驼商人，与他撞了个正着。商人重利轻情，达尔德每次向他借钱都十分害怕，因为他不允许有任何的拖欠，而恰巧这一次达尔德欠了他一些钱，未按照约定偿还。

达尔德来不及躲避，这个名叫达巴希尔的骆驼商人就叫嚷起来了："这不正是达尔德吗？近来可好，你这个月答应要还的钱在哪里？你这次欠了我两笔钱，上个月借了两个铜板，再上个月借了一个银币。"

达尔德来不及回答，达巴希尔又冲着他大声叫嚷："我正四处找你，今天遇见你，真是老天有眼啊。小伙子，你的钱在哪里呢，你说呀。"

达尔德面红耳赤，战战兢兢地回答道："很抱歉，我现在连一个铜板都没有，更不用说银币了。我真是身无分文。"他的胃里空空如也，语气也是有气无力，这证实了他所说的话。

达巴希尔一看是这种情况就骂开了："你这个白痴呀，一个铜板都赚不到，到哪里混去了？你父亲呢，去向他借钱去。"

"我父亲不会再借钱给我了，我从来就赚不到钱回家。我的运气实在是太差了，干什么事情都赔钱。我还不了您的钱了，这都怪命运的捉弄。"

"命运！你自己软弱无能，还要怪神灵。你要老是借钱不还，任何神灵也帮不了你，你会一辈子翻不了身的。懒鬼，我现在要进去吃饭了，你也进来，吃饭时，我会跟你讲一个故事，看看能不能帮助你。"

达巴希尔的刻薄话让达尔德感到羞愧，但达尔德想到这下至少可以迈进饭店，与达巴希尔一同进餐，不枉丢这一次脸。

掌柜笑脸相迎，对达巴希尔恭敬不已。达巴希尔干净利落地点着菜："一份羊腿，多加点酱汁，还有面包和蔬菜各来一份，都要半熟的。哦，还有这位老兄，我想他可能需要一壶冷水，免费的。现在天气实在是太热了！"

达尔德的心顿时凉了一大截，原来，达巴希尔并没有想让他饱餐一顿。难道自己就要喝着冷水，看着达巴希尔狼吞虎咽吗？那可是美味的山羊腿呀！达尔德无语，心里咒骂这个可恶的债主！

达巴希尔一点也没有感觉到达尔德的诅咒，他仍然面带微笑，与其他人打招呼。"朋友们好！好一顿美味啊！"达巴希尔与朋友们聊天，谈论各自的见闻。

达巴希尔告诉大家一个奇闻："我的一位从苏格拉底河回来的朋友对我说，当地有一块神奇的石头，这块石头非常薄，基本是透明的。它的神奇就在于它能够制造两个世界：表面看起来，石头平淡无奇，是普通的近乎透明的黄色；但是透过这块石头看别的物品，就有五颜六色，非常奇异，这块石头制造了一个与真实世界有别的奇幻世界。达尔德，你说这奇不奇怪？透过这块石头就进入另外一个世界了。"

达尔德眼望着山羊腿，生气地说："无论如何……"

达巴希尔未等他说完，就接着说："这千真万确，一定有两个世界。我自己就经历过两个不同颜色的世界。"

达巴希尔大嚼羊腿之后，突然用奇怪的眼神看着达尔德说："我要给你讲一个故事，不知你是否知道我曾经在叙利亚当过奴隶？"

周围的客人们听到达巴希尔要讲故事，都纷纷靠近，挤成半圆形围着达巴希尔。

达巴希尔大嚼了几口羊腿之后，向众人继续说：

"在我年轻的时候，我跟随我的父亲一同做工。我的父亲是一个生产马制品的工匠，我跟着我的父亲学习手艺。过了几年，我就成家了，那个时候，我没有什么好手艺，加上年龄又不大，所以赚来的钱只够生活之用。我那时就养成了借钱消费的习惯，并且购买的东西通常都是一些超出我能力范围之外的奢侈品。慢慢地我发现，有些店主十分信赖我，常常借给我钱，并且不催我还。这样日子一长，我就养成了这种放纵的习惯。现在想起来，我当时太年轻，不明白花钱入不敷出就等于自己给自己挖掘坟墓的道理。因此，我为我的妻子和家人买了超过我们生活所必需的奢侈物品。

"慢慢地，我的日子开始过不下去了。我一面赚着微薄的工资，一面还着高额的借款，一个月中几乎每天都在为还钱或者躲债而奔波。无论是在工作和生活中，我都成了一个失败者，过着得过且过的日子，习惯了别人的羞辱，自己也无法振作起来。

"终于有一天，我的妻子不辞而别。我决定离开巴比伦，去别的城市开始新的生活。

"我帮着一些骆驼商人打工，跟随他们在沙漠里从事运输。但是旧有的习惯折磨着我，使我无法摆脱这种借钱还钱的日子。终于，我开始跟随一伙强盗去打劫，专门打劫那些出远门的生意人。

"回想起来，我当时还自以为是，并没有为此而感到羞愧。那时的我根本不配做我父亲的儿子，就像从苏格拉底河回来的朋友所说的那块神奇的石头，我仿佛就是戴着那块石头看世界，不觉得自己堕落到了何等的地步。

"在真实的世界中我是一个走投无路的傻瓜，而在那块石头里，我却是一个英勇善战的战士。

"在许多次的抢劫中，我们与商队雇佣的枪队作战，战胜了就将抢来的金子等带到城里挥霍。抢来黄金就花，花完了黄金就再去抢。

"有一天，我们运气不好，遇见了一伙大商队的枪手，在战斗中，我们的首领被杀，其余的全部被俘，我也在内。

"按照当时的惯例，我被当做奴隶带到大马士革去拍卖。一位叙利亚的部落首领用两个银币买下了我，剃光了我的头发，给我捆上束带，我就成了他的奴隶。我当时还只把这当做是一次探险。

"有一天，主人把我带到他的四个妻妾面前，问她们有谁需要一个阉（yān）人。我方才如梦初醒，脸色一下变白了。这个部落的人十分骁勇好斗，我根本不是他们的对手，如若反抗的话，我必死无疑。

"看着这四个女人，我知道我的命运就系于她们口中。当时，如果有谁乐意的话，我现在就成了阉人了。

"主人的大老婆叫希拉，她看着我，无动于衷。另外三个老婆也对我不屑一顾，仿佛我是一只肮脏的狗一样。那个时候，我等待着判刑好像等了三个世纪一样久。终于，希拉开口了：'阉人我们多的是，但是还缺少一个骆驼工，因为我明天回娘家需要一个奴隶来为我拉骆驼。'于是她面向着我问我是不是会拉骆驼。

一个人不从心里摆脱掉做奴隶的灵魂，就终究只能是个奴隶。

"我大喜，但是极力掩饰自己的热望，谦卑地回答道：'我会拉骆驼，我可以让它们蹲下来，可以让它们驮运物品，我可以带着它们上路，如果它们的配套坏了，我还会修理。主人，我以前为骆驼商人做过工。'

"主人说：'既然如此，希拉，就让这个奴隶当你的骆驼工吧。'

"第二天，我就跟随希拉长途跋涉去她的娘家。在这一路上，我感谢希拉为我求情使我免于被阉。我对她说，我是一个自由人的儿子，并不是天生的奴隶。我只是因为不幸才沦落到这种地步的。于是我跟她说了我在巴比伦以及后来的遭遇，说了我在巴比伦的债务情况。

"当时，希拉对我说了令我一生难忘的话。

"她说：'你怎么能够自称自由人呢？你的意志如此软弱，怎么配称作自由人。一个人若是心里面就有着奴隶般的灵魂，那么，无论他出身如何，他终究都会成为奴隶。这就像水往低处流一样，不是吗？一个人若是心里面有着自由人的灵魂，那么无论如何，他最终都会成为一个尊贵的自由人。啊，正是因为你自己的软弱，你才落到今天这种地步。'

"虽然我与其他奴隶一同做工、一同睡觉，但是我的心里一直藏着这些话，这使得我无法成为和他们一样的人，我与真正的奴隶格格不入。

"一天，希拉发现我不愿意与奴隶们混在一起玩乐而独自在帐篷里遐想，就问我为何如此。我对她说：'我在想你对我说过的那些话，我不知道我是不是内心就有奴隶般的灵魂。我想听听你的看法，我的内心究竟是有奴隶的灵魂，还是有自由人的灵魂？'

"希拉没有正面回答我的问题，而是反问我：'你对你在巴比伦欠下的债务怎么看？'

"'我并不是不想还这些钱，但是我办不到。'

"'你这样过一天算一天，借钱度日，还不努力赚钱还债，这就是奴隶的心态。没有节制，不知羞耻，不思还清债务的人就是奴隶，

至少是金钱的奴隶。'

　　"'但是我现在在这儿做奴隶，想这些又有什么用呢？'

　　"'你这个软弱的人，那你就在这儿做奴隶吧！'

　　"我着急了，对希拉喊道：'请原谅我，但我并不是软弱无能的人。'

　　"希拉叫道：'那你就证明给我看。'

　　"'怎么证明？'

　　"'你必须还清债务。你的债务就是你的敌人，你不奋力反抗，你的债务就会变得更加强壮。只要你奋力抗争，控制你的债务，将它们的危害化为零，就终能制服它们，成为一个令人敬重的人。然而，你一天天放纵债务，你的意志一天天消沉，终于，你的债务逼你离开巴比伦，逼你成为一个奴隶。'

　　"希拉那毫不留情的话，像刀子一样刺痛着我的心。我时时反省着她的话，实践着她的话，

要控制你的债务，否则它就会反过来控制你。

我很想找机会能够向希拉证明自己是一个自由人。

"后来，我了解到希拉是个苦命人。虽然她出身部落豪族，但她所嫁的丈夫却是为着她家的嫁妆，而不是出于爱情而娶她的。在她们部落，女子生来就不如男子，必须遵从父命和夫命。由于希拉没生下一男半女，因此她的丈夫并不喜欢她，很多时候都在冷落她。希拉也曾对我说过，她自己也像个奴隶一样。

"一天，希拉吩咐我牵着骆驼，备好充足的粮食和水，再跟着她的侍女来到她房里。希拉对我说：'达巴希尔，你的内心拥有的是自由人的灵魂，还是奴隶的灵魂？'我说：'夫人，是自由人的灵魂，我无时无刻不在找机会证明这一点。'

"'现在就是你证明自己是自由人的时候了。你的主人和那些工头们都已经醉醺（xūn）醺的不省人事了。你带着骆驼和那些粮食逃跑吧！我会禀报你的主人说，在我回娘家的时候，你偷了骆驼逃走了。'

"我感激地看着这位勇敢美丽的女子，情不自禁地对她说：'你拥有善良和高尚的灵魂，我企盼着能够给你幸福。'

"她回答说：'你一个人走吧。我有自己的丈夫，与其他人私奔我也不会幸福的。'

"带着骆驼和粮食，在黑夜的掩护下，我带着这个美丽女子的祝福离开了这个部落。我拼命奔跑了一天一夜，因为我知道如果被人发现的话，我就必死无疑了。

"途中，我要穿越一个陌生的沙漠和一些荒凉之地，在这些不毛之地，我靠着耐劳的骆驼和少量的粮食过活，经历了无数的苦难。当我浑身伤痕时，我扪（mén）心自问：'我拥有的是奴隶的灵魂，还是自由人的灵魂？如果是自由人的灵魂，我就要勇敢地面对家乡的友人。我要偿还我所有的债务，并且给那些关怀过我的人以感激，我要给我的妻子、我的父母带去福音。'

"希拉的话一直回荡在我的耳边，'你的债务逼你离开巴比伦，逼你成为一个奴隶。'是啊，今后我要勇敢地做一个自由人，无论经历多少磨难。

"突然，我眼前的世界一亮，仿佛原来一直蒙在我眼睛上的石头消失了。过去我一直带着这有色石头看世界，现在我才看见了这个世界的真实面目。这奇妙的事情改变了我的一生，使我获得了新生。

"我被这种力量鼓舞着，我的身体战栗着，内心鼓荡着自由人的灵魂狂潮，我扶起身边那已经疲惫的骆驼继续朝着巴比伦前行。我知道，自由人的灵魂会这样认为：人生总有许多困难，唯有坚定的意志能够克服，只有奴隶般的灵魂才会畏首畏尾，自甘堕落。"

达巴希尔突然停了下来，朝周围看了看，看见了眼中噙（qín）满泪水的达尔德。他对达尔德说："达尔德，你呢？你的饥饿是否消磨了你的意志？你是否准备踏上自由的征途？你能够看清这世界的真实色彩吗？你打算老老实实地还清债务做一个受人尊敬的巴比伦人吗？"

达尔德满怀激情地站起来，向达巴希尔鞠了一躬，返回座位说道："感谢你让我看清楚了这个真实的世界，我感觉我心中激荡着自由人的灵魂波澜，你的故事重新给了我自尊的力量。"

一位听众意犹未尽，向达巴希尔问道："那么你后来是怎样偿还你的债务呢？"

达巴希尔回答说："在下定决心偿还债务之后，我就想尽办法赚钱。首先，我向我的每一位债主恳求再宽限我一些时限。有的债主不相信我，有的债主再次辱骂我，但总有一些债主鼓励我，甚至给我帮助。巴比伦最富有的人——阿卡德向我伸出了援助之手，他给我介绍了一份工作，就是为巴比伦国王去远方购买优良的骆驼。正好，在我当奴隶的三年中，我与骆驼朝夕相处，极其了解骆驼的习性。我发挥了我的这一优势，慢慢地偿还了我的债务，最终我能够抬起头来做人了。"

达巴希尔再次看了看达尔德，然后向饭店的老板发话："给我们这位朋友上一份新鲜羊肉，再来一份面包。想必我这位朋友早已饥肠辘辘了吧！"

讲完故事后，阿卡德真诚地看了一下每个人的眼神，再次强调："这是我的朋友达巴希尔的真实故事。"

"这个巴比伦骆驼商人的故事告诉我们应找回自由人的灵魂。这个伟大的真理引导着人们不断摆脱贫困，踏上富裕之路。这个法则帮助着每个能够领悟灵魂神奇力量的人迈向成功。每个人都应该铭记这一法则：心中常燃自由之灯。"

9

辛勤工作

Work hard

第九章 / Chapter Nine

"今天我们将来谈一谈有关工作的话题。"阿卡德在第十天对他的学生们说道。"为此我特意请来了我的好朋友沙路·纳达，他是巴比伦最富有的人之一，他的一生富有传奇色彩，由他来讲述这一主题最有说服力，他的经历充分说明了辛勤工作是如何改变一个人的命运的。

　　"下面就让我们欢迎沙路·纳达先生的到来。"

　　在学生们的欢呼声中，穿着得体的沙路·纳达站了起来，走上前去，向大家挥了挥手，然后说道：

　　"首先感谢阿卡德先生的邀请，我能有幸和大家在这里分享人类致富的智慧，对此我感到万分荣幸。这不禁让我想到了我的好朋友美吉多，是他的智慧给予了我一生最宝贵的财富。

　　"还是从我的好友阿拉德·古拉开始我的故事吧。好几年以前的一天，我突然接到了我的好友、大马士革最富有的商人、也是我早年的合伙人阿拉德·古拉去世的消息，我感到非常难过。他是我患难与共的挚友，于是我立即放下手中的工作，前往大马士革。阿拉德·古拉的慷慨和仁慈使他获得了人们的爱戴，因此他的葬礼很隆重，这多少让我有点欣慰。人就是要这样活着：生前富有，死后受人怀念。

　　"出于对我的信任，古拉临死前将他的孙子哈丹·古拉托付于我，希望我能让他学会自立，日后成为一个有用的人。优越的家庭环境使得哈丹·古拉养成了一些不好的积习，所有有钱人家的子弟如果教育不当，都难免会染上这些积习。因此恰当的教育是绝对不能忽视的问题，在这一点上阿卡德先生为我们做出了很好的榜样。哈丹·古拉喜欢锦衣玉食，认为人生就应该享受，而工作只是奴隶们的事情。有一次他这样对我说：'我真想不通你为什么还要这么拼命工作，经常和你的商队一起做艰苦的长途跋涉。要是我有你这么富有，我就要过王公一样的生活，我要把钱全部用来享受，穿最华丽的衣服、戴最珍贵的珠宝。那样的生活才称得上是享受。'

"在从大马士革返回巴比伦的漫长的路途上，我一直在思考如何让眼前这个挥金如土、浮华骄奢的年轻人对人生有一个正确的认识。坦率地说，一路上我一直没有想到合适的办法，一个人的思想是最难改变的，这种改变甚至需要我们付出巨大的努力。

"快到巴比伦了，当我们走过一大块田地时，在那里干活的几个农夫引起了我的注意，我觉得他们非常眼熟。这可能吗？我竟然在 40 年后，在经过同一片土地时遇到了相同的人！这不禁让我的思绪回到了 40 年前。当时的那些事情历历在目，又恍如隔世。是啊，40 年前，我还曾经无限羡慕过这些能在地里干活的人，还想过要是自己也能成为他们中的一员该多好。但是现在，他们还是他们，而看看我身后那长长的商队——无数健壮的骆驼和驴子从大马士革带回了多少昂贵的货物，还有巴比伦那巨大的家业，这一切都是我的，一个曾经羡慕过农夫的人的财产。有些人安于现状，有些人总是不懈追求，这其中的差别是何等巨大啊！

"就在这时，我突然想到了一个主意，不如把我这一生的经历讲给哈丹·古拉听，好让他能从中吸取一些教训和经验。于是我把我的想法告诉了哈丹·古拉。

"'好啊，'哈丹·古拉说道，'这样我不就可以学到如何赚钱了吗？我只对钱感兴趣。'

　　路边的三个农夫引起了我的注意，40年前我还无限美慕过这些能在地里干活的人，如今他们还是整天埋头干活的农夫，而我……

"就让我们从路边的这些农夫说起吧。40 年前，当我和你一般大时，我和几个人拴在一起从这里经过。当时被拴在我旁边的农夫美吉多嘲笑他们干活马马虎虎。'瞧那边的那些懒虫，'他不满地说，'扶犁的人不卖力地把地犁深，另外两个人也不沿着犁沟赶牛。他们这样磨洋工，又怎么能指望得到好收成呢？'

"'你刚才说美吉多和你拴在一起？怎么回事啊？'哈丹·古拉吃惊地问道。

"'是的，我们脖子上套着铜圈，被沉重的链子拴在一起。美吉多的另一边拴的是扎巴多，他偷了别人的羊。我是在哈让城认识他的。拴在尽头的那个人没有告诉我们他的名字，所以大家都叫他海盗。我们猜他是个水手，因为他的前胸像水手那样刺着扭结在一起的蛇，那是一种护身符。这样把四个人拴在一起是为了让我们可以合作干活。'

"'你像奴隶一样戴着锁链？'哈丹·古拉感到难以置信。

"'你祖父没有告诉过你，我从前是个奴隶吗？'

"'他经常谈起你，但从来没有说过这个。'

"'他是个可以完全信托的人。我希望你也能做到这样。'

"'我会的，纳达大叔。你为什么会成为奴隶呢？'

"我耸了耸肩，说道：'任何人都可能成为奴隶。是赌博和酗（xù）酒让我大难临头的。我是我哥哥轻率行事的牺牲品，他在一次争吵中杀死了他的朋友，我父亲为了使他免受法律的惩罚，就把我交给了死者的寡妇当做抵押。后来我父亲没有足够的钱赎我回去，她就把我卖做了奴隶。'

"'这太不公平了！'哈丹·古拉愤愤不平地说，'那么，你又是怎么重新获得自由的呢？'

　　"'我会说到这个的，但还不是现在。'我说道，'让我继续讲我的故事。'当我们走过这里的时候，耕地的农夫们取笑我们。其中有一个人还摘下他的破帽子，朝我们深深地鞠了一躬，大声叫道：'欢迎来到巴比伦，国王的客人们。他正在城墙上大摆泥砖和大蒜汤宴等着你们呢。'说完他们就放肆地大笑起来。

　　"海盗气愤不已，大声地咒骂着。

　　"'为什么他们说国王在城墙上等我们？'我问海盗。

　　"'一到城墙那儿你就得去搬砖，直到你累死。也许在你累死之前，就已经被他们打死了。他们要是敢打我，我就杀了他们。'

　　"这时，美吉多开口说话了：'我认为主人是不会把老实、勤快的奴隶打死的。他们总是喜欢好奴隶，并且会好好对待他们。'

　　"'谁会愿意拼死拼命替别人干活呢？'扎巴多在一边说道，'那些耕地的农夫才是聪明人。他们可不会让自己累死，他们只不过是在那里装模作样罢了。'

　　"'要是你总是消极怠工，就不会有什么进展，'美吉多反对说，'如果你每天能犁一公顷地，那么任何奴隶主都会知道你干活是把好手。但是如果你一天只犁半亩地，那就是在偷懒了。我决不偷懒！我喜欢干活，而且总是喜欢把活干好，因为工作是我最好的朋友。它为我带来了所有的好东西，我的农场、牛群、庄稼，还有其他所有的一切。'

　　"'可是现在呢？它们都到哪儿去了呢？'扎巴多嘲讽地说，'我还是宁愿做个聪明人，工作嘛，能躲就躲。要是我们被卖去修城墙，我就会想办法找点背水袋或者其他一些轻松的活来干，你们喜欢干活，就让砖块压断你们的脊梁骨吧。'说完他得意地傻笑起来。

"那天晚上，恐惧完全吞噬（shì）了我，我根本无法入睡。当其他人都睡觉后，我向警戒线爬了过去，站第一班岗的是哥多索，

工作是我最好的朋友，它为我带来了所有的好东西。

他原来是一伙阿拉伯强盗中的一员，是那种抢了别人的钱还要杀人灭口的恶棍。

"'告诉我，哥多索，'我小声问他，'我们到巴比伦后，真的会被卖去修城墙吗？'

"'你问这个干什么？'他警惕地问道。

"'难道你不明白吗？'我说，'我还很年轻，我想活下去。我不想在城墙那里被活活累死或被人打死。我能不能遇到一个善良的主人？'

"他小声地说道：'你是个好小伙子，没有给我添什么麻烦，看在这一点上，我告诉你吧。通常你们会先被带到奴隶市场。记住，有买主过来时，一定要告诉他们你是个干活儿的好手，愿意替主人好好干活，争取让他们买你。如果你没被他挑中的话，第二天就得去搬砖。那可是个苦力活。'

"他走了之后，我躺在温暖的沙地上，望着天上的星星，思考着关于工作的问题。美吉多说工作是他最好的朋友，我不知道工作算不算是我最好的朋友，要是它能帮我摆脱现在这种糟糕的状况，肯定是我的好朋友。

"第二天一早，美吉多起来后，我把哥多索说给我的情况悄悄地告诉了他。在前往巴比伦的路上，这是我们唯一的希望。傍晚时分，当我们接近城墙时，看到一群群奴隶像黑色的蚂蚁一样在陡峭的斜坡上爬上爬下。走到他们身边时看到的情形让我们惊讶不已，那里竟然有几千人，有些人在挖护城河，有些人在做砖块，大多数的人沿着陡峭的小路用巨大的筐子背着砖，把它们送到石匠那里。

躺在温暖的沙地上，望着天上点点
繁星，我思考着与工作有关的许多
问题……

　　"监工们厉声斥责着那些掉队的人，皮鞭抽打在他们身上发出的
噼啪声在空中飘荡。有些衣衫褴（lán）褛（lǚ）的苦命人在重压下，
踉踉跄跄地蹒跚着，一不小心就倒在筐子下，再也不能站起来了。如
果皮鞭的抽打也不能让他们站起来的话，他们就会被拖到路边，在那
里痛苦地呻吟着，要不了多久就会被拖到尸体堆旁，等着被埋葬到无
人献祭的坟墓中去。看到这可怕的情景，我吓得全身发抖。如果在奴
隶市场上不能找到买主的话，这无疑就将是我的下场。

"正如哥多索说的那样。我们被带着穿过城门，关进了奴隶牢房中，第二天早上就被带到了奴隶市场。在那里，其余的人都吓得缩成了一团，只有卫兵的鞭子才能让他们动起来，供买主挑选。而美吉多和我却急切地和每一个买主讲话，当然要得到他们的允许。

"奴隶贩子带来了国王的士兵，看守给海盗带上了脚镣。当海盗反抗时，他被狠狠地打了一顿。当他们把他带走时，我替他感到难过。

"美吉多知道过不了多久，我们就要各奔东西了。于是，在没有买主来的时候，他就急切地告诉我，并希望我能把他的话牢牢记住：'辛勤的工作对你的未来很重要。有些人讨厌它，把它当成自己的敌人。但你最好善待它，把它当成自己的朋友，学着去喜欢它。不要因为辛苦就逃避工作。只要想到建造漂亮的房子，谁还会在乎房梁太沉，也就更不会嫌挑水和石灰的路太远了。答应我，孩子，如果你能找到一个主人，就要尽你所能地为他工作。就算他根本不看重你所做的一切，也不要把这些放在心上。记住，工作，好好地工作，总会给你带来好处的。它可以让你出人头地。'这时，一个身材魁梧的农场主向我们这边走了过来，美吉多停了下来。

"美吉多主动问起农场主的农场和庄稼，很快，他就取得了对方的信任，让别人相信他是个很能干的人。在一场激烈的讨价还价之后，农场主把钱交给了奴隶贩子。过了不久，美吉多就跟着他的新主人走了。

"那个上午还有几个人被卖出去了。中午，哥多索向我透露了一个消息，奴隶贩子已经不耐烦了，不愿再在这里过夜了，决定等太阳一落山就把剩下的人全都送到为国王买奴隶的人那里去。我不禁绝望起来了，就在这个时候，一个和气的胖子走了过来，问有没有人会做糕点。

"我赶忙走过去，对他说：'为什么像你这样好的糕点师，一定要找一个手艺不如自己的同行呢？把手艺教给一个像我这样愿意学习的徒弟不是更容易些吗？您看看我，年轻、强壮，又喜欢工作。给我一个机会吧，我一定会尽最大的努力为您赚钱。'

"我的诚意打动了他，于是他又和奴隶贩子进行了一番激烈的讨价还价。自从买了我之后从来就没看过我一眼的奴隶贩子，现在却在那里一个劲地吹嘘我有多么能干，身体多么结实，脾气怎么温顺。我觉得自己就像一头卖给屠夫待宰的公牛一样。谢天谢地，最后交易总算是完成了。当我跟着新主人走时，我觉得整个巴比伦就数自己最幸运了。

"我的新家让我很满意。纳纳奈德，我的主人，在院子里教我怎样用石臼把大麦磨成粉，怎样生火，以及怎样精心磨制做蜂蜜蛋糕用的芝麻粉。在他放面粉的储藏室里，我有张自己的床。老奴隶管家斯瓦斯提给我吃得很好，由于我经常帮她干些重活，这让她非常高兴。

"现在，我得到了一个自己渴望已久的机会——用自己的努力为主人创造财富，并且希望能找到重新获得自由的方法。

"我向纳纳奈德请教如何揉面和焙（bèi）烤。我的好学使得他很乐意教我。没过多久，我就能把这两项工作都做得很好了。于是，我又请他教我如何做蜂蜜蛋糕。很快我就学会了制作糕点的所有手艺。这样一来，我的主人就轻松许多了，他很是高兴。但斯瓦斯提

对此却摇摇头，她说：'无所事事对谁来说都不会有什么好处。'

"我觉得现在已经是该考虑如何想法子赚钱的关头了，只有这样到时候才能为自己赎回自由。由于蛋糕一般到中午就全做好了，我想利用下午的时间到外面找点事来做，赚些钱。如果我愿意和主人一起分享我挣来的钱，我想纳纳奈德肯定不会反对。突然我灵机一动，为什么不多做一些蜂蜜蛋糕，拿到城市的大街上去兜售呢？

"我是这样向纳纳奈德解释我的计划的：'如果我为您做完糕点后，利用下午的空闲时间自己找个工作，然后我们一起分享我挣到的工钱，这样您可以有更多的收入，我也可以有钱赎回每个人都渴望和需要的东西——自由，您觉得这样公平吗？'

"'非常公平，非常公平。'他同意了。当我告诉他我想到街上兜售点心后，他很高兴。'要不这样吧，'他建议道，'你卖便宜一点，就按一个铜板两块蛋糕来卖吧。你把一半的收入给我作为成本，然后剩下的收入我们俩对半分。'

"他的慷慨让我感动，这样我就可以把这些收入的四分之一留给自己了。那天晚上，我连夜做了一个装蛋糕的大托盘。纳纳奈德送给我一件他的袍子，好让我看上去能体面一些，斯瓦斯提则帮我把袍子缝好、洗干净了。

"第二天，我多做了一些蛋糕。它们摆在托盘里金黄金黄的，看上去很是诱人。我沿街大声叫卖着。一开始似乎没有人感兴趣，这让我多少有点失望。但我还是继续沿街叫卖，到了傍晚时分，人们开始饿了，我的生意慢慢地好起来了，盘子很快就空了。

"纳纳奈德对我的成功很高兴，非常痛快地把我的那一份收入给了我。有了属于自己的钱，我高兴极了。美吉多曾经说过，主人对那些勤快的奴隶总是很友善的，他的话没错。那天晚上，我因为自己的这一成功激动得难以入睡，并在心里开始盘算，照这样下去我一年可以挣多少钱，要多少年就可以赎回自己的自由。

"我每天拿着托盘上街，日子一长，就有了一些老客户，其中一位就是哈丹·古拉的祖父阿拉德·古拉。他当时是个向家庭主妇们兜售毯子的商人，赶着一头驮着货物的驴子，带着一个帮忙的黑奴，从城市的一头走到另一头。他总是给自己和那个黑奴各买两块蛋糕，经常一边吃一边和我聊天。

"有一天，阿拉德·古拉对我说的一番话让我永生难忘。他说：'我喜欢你的蛋糕，孩子，不过我更喜欢你的勤劳。这种精神会让你以后获得巨大的成功。'

"'哈丹·古拉，你肯定无法体会，这些话对于一个独自在大城市里，为摆脱枷锁重获自由而尽全力苦苦奋斗的奴隶来说，是多么大的一种鼓励啊！'

"几个月过去了，我钱包里的钱一直在增加着，它就挂在我的腰带上，已经有那种醉人的沉甸甸的感觉了。正像美吉多所说的那样，工作成了我最好的朋友。我非常开心，但是斯瓦斯提却有点忧心忡忡的样子。

"'主人在赌场里花的时间太多了，这可不是个好兆头。'她担心地说。

"有一天，我无意间在街上遇见了我的朋友美吉多，这让我惊喜万分。当时他正赶着三头驮着蔬菜的驴子去市场。'我干得非常好，'

他说，'我的主人非常欣赏我的工作，现在我已经是个工头了。看，他很信任我，把卖菜这样的事都交给我了，他还叫人去接我的家人了。工作正在帮我渡过人生最大的难关，总有一天它还将帮我赎回自己的自由，并再次拥有自己的农场。'

"时间一天天地过去，纳纳奈德越来越急切地等我从外面回去。我一回来他就急着和我算账，然后把他的那一份收入拿走。他还让我去开拓新市场，以便扩大销量。

"我还得经常到城门那儿去，为看管修建城墙奴隶的监工们送蛋糕。我一点也不喜欢到那个令人厌恶的地方去，但是那些监工们出手总是很大方。有一天，我惊讶地发现扎巴多正在队里等着让人向自己的筐里装砖。他的样子很憔悴，背也被压弯了，而且布满了被监工们的鞭子抽打过的伤痕。我真替他难过，就送给他一块蛋糕，他像饿疯了的野兽一样一口吞了下去。看到他眼中那贪婪的眼神，我赶忙在他抓住我的托盘之前跑掉了。

"'你为什么要这么努力工作？'一天，阿拉德·古拉这样问我。我告诉他美吉多曾经对我说过的话，还有发生在我身上的事实是如何证明了工作确实是我最好的朋友。我骄傲地给他看了我的钱包，并告诉他我要用那里面的积蓄赎回我的自由。

"'等你自由以后，你准备做些什么？'他问。

"'我要成为一个商人。'我回答。

"这时，阿拉德·古拉告诉了我一件我根本无法预料到的事：'你可能不知道，我也是个奴隶。现在我正在和我的主人合伙做生意。'

"'住口，'哈丹·古拉立马喝道，'我不想听这些羞辱我祖父的谎言。他不是奴隶。'他的眼睛几乎喷出火来。

"我仍然很平静地说：'我敬佩他能够从不幸中站起来，成为大马士革首屈一指的大人物。而你作为他的孙子，也有他那样的本领吗？你是不是个真正的男子汉，能够勇敢地面对事实，而不是情愿生活在虚假的幻想里？'

"哈丹·古拉在他的马鞍上坐直身子，用压抑着强烈感情的声音说：'我的祖父生前深受所有人的爱戴。他的善行不计其数。在饥荒降临时，要不是他用金子和商队从埃及买来粮食，大马士革还不知道有多少人会饿死呢？现在你却说他在巴比伦是个卑贱的奴隶。'

"'如果他一直待在巴比伦做奴隶，那的确会一直被人藐视，但是他却通过自己的努力成了大马士革最伟大的人，众神的确惩罚过他，但是也给了他荣誉，以表示对他的敬意。'我对哈丹·古拉说道。

"'你祖父对我说了自己是个奴隶之后，'我继续给哈丹·古拉讲下去，'说他也急切地想赎回自己的自由。现在他的钱已经攒够，可又一下子不知道该怎么办了。他已经不能卖更多的毯子了，因为他担心有一天会失去主人的支持。'

"我反对他的犹豫不决，我说：'不要再依附你的主人了，重新把自己当做一个自由人。像个自由人那样生活，去争取成功！想想自己最想做什么，工作会帮你实现它的。'临走时，他感谢我驱散了他的懦弱。

"一天，我又到城门边去卖蛋糕，奇怪地发现好多人围在那里。我向一个人打听发生了什么事，他回答说：'你还不知道啊？一个企图逃跑的奴隶杀死了国王的卫兵，被判处用鞭子处死，就在今天行

刑。连国王都会亲自到这里来观看呢。'

"刑柱四周围满了观看的人，我怕他们撞翻了我的托盘，所以我不敢靠得太近。于是，我爬上了一段还没有完工的城墙，越过人们的头顶往下看。我很幸运地看到尼布甲尼撒国王坐在他的金马车里。我从没见过那样大的排场，那么漂亮的袍子，还有那样富丽堂皇的金色和紫色帐幔。

"我看不到行刑的情景，不过可以清楚地听到那个奴隶的惨叫声。我奇怪为什么像国王那样高贵的人竟然忍心观看这种痛苦的场面，当我看到他和贵族们在一起开怀说笑时，才明白他是个非常残暴的人，也就明白了他为什么会下令让奴隶们做修建城墙这样不人道的工作。

"那个奴隶被折磨死之后，他的一条腿被一根绳子绑住，高高地吊在一根柱子上，以儆（jǐng）效尤。当人群渐渐散去时，我走上前去看了看。在尸体的胸前，我看到了两条蛇交缠在一起的护身符，他就是那个海盗。

"当我再一次遇到阿拉德·古拉时，他像完全换了一个人。他充满激情地和我打招呼：'看哪，你过去认识的那个奴隶现在是个自由人了。你的话简直具有魔力，我的生意和收入都好起来了。我妻子很高兴，她是个自由人，是我原来主人的侄女。她很想和我一起搬到一个陌生的城市去，那里没有人知道我曾经是个奴隶。这样，我们的孩子就不会因为他们父亲的不幸而遭到别人的歧视了。工作成了我最好的朋友，它让我重新找回了自信和做生意的能力。'

"看到自己能用一点微薄之力报答他之前对我的鼓励，我当时

您的话真有魔力，我现在已经是个自由人了！

心情愉快极了。

"一天晚上，斯瓦提斯心事重重地跑过来找我：'主人有麻烦了，我真替他担心。几个月前，他输了很多钱，现在连买面粉和蜂蜜的钱都没有了。他没有办法还债，债主们都很生气，还不断地威胁他。'

"'我们为什么要替他做的蠢事担心呢？我们又不是他的守护人。'我毫不在意地回答道。

"'傻孩子，这你还不明白。他是拿你做抵押去向借贷商人借债的。根据法律，债主可以宣布你归他所有，还可以把你卖掉。我是

不知道该怎么办了。他是个好主人。为什么啊，为什么麻烦偏偏要落到他头上呢？'

"斯瓦斯提的担心不是没有道理的。第二天上午，当我正在做蛋糕时，借贷商人带着一个名叫萨西的人来了。这个人看了看我，说了声可以。

"借贷商人不等我的主人回来就把我带走了，并让斯瓦斯提转告我的主人。除了身上穿的袍子和系在腰上的钱包之外，我什么也没带，丢下只做了一半的蛋糕，就被匆匆带走了。

"我那曾经热切期望过的自由变成了泡影，就像被台风席卷着的森林里的一棵树，我被扔到了波涛汹涌的人生大海上。赌场和大麦啤酒又一次给我带来了灾难。

"萨西是个生硬而粗暴的人。在他领着我穿过城市时，我告诉他我在纳纳奈德那里干得很好，并且愿意为他好好地工作。但是他的回答却让人非常失望：'我不喜欢你以前做的工作，我的主人也不会喜欢。国王命令我的主人去修一段运河。主人就叫我去多买点奴隶，尽快把这活干完。哼，这么大的工程，这么快就想完工，怎么可能呢？'

"想象一下，在一棵树也没有的沙漠，只有低矮的灌木，灼热的太阳把桶里的水烤得滚烫，简直就没法喝。然后就是这样一幅画面：成群结队的人走下深深的坑道，把一筐筐泥土运上来，就这样没日没夜地一直干着。人们在装着食物的敞口水槽边像猪一样吃东西。没有帐篷，没有稻草可以铺床。这就是我当时的处境。我把钱包埋在了一个地方，并做了记号，但我不知道自己还有没有机会再把它取回来。

　　"刚开始时，我工作很卖力，但是几个月的辛劳过去了，我觉得自己快要崩溃了。而这时，我劳累的身体又中暑了，一点胃口也没有，只能吃点羊肉和蔬菜。在夜里，虚弱、烦闷把我折腾得翻来覆去睡不着。

　　"在这样悲惨的情形之下，我不禁怀疑扎巴多说的是不是对的——逃避工作，免得自己被活活累死。这时，我想起了最后一次见到他时的情景，于是知道他的主意并不怎么样。

　　"我又想到了凶悍的海盗，我是不是也应该去斗争、把他们杀死？但记忆中马上浮现了他血淋淋的尸体，很显然，他的办法也无济于事。

　　"然后，我想起了最后一次见到美吉多的情形。他的双手因为辛苦工作而磨出了厚茧，但是他的心情很愉快，脸上洋溢着笑意。他的主意才是最好的。

我又一次被抛到了人生的边缘。

"但是，我和美吉多一样心甘情愿地努力工作，他不可能比我更加努力。为什么我的工作却没有带给我幸福和成功？难道工作只能给他带去幸福，而我却得不到？难道我就要这样一直工作到死，也无法实现我的愿望，也得不到任何幸福和成功？所有这些问题都在我的脑海中缠绕，我却找不到任何答案。我处于极度迷惑之中。

　　"几天之后，就在我的忍耐几乎达到极限，而我思考的问题也仍然没有答案时，萨西把我叫了过去。原来，我的主人派信使来叫我回巴比伦。我挖出埋藏好的钱包，把破烂的袍子整了整，又上路了。

　　"一路上，那些问题又像风暴一样在我仍然发烧的脑子里飞快地旋转。我就好像家乡哈让的一首民歌里唱的那样：

　　　命运宛如风中草，
　　　日晒雨淋苦飘摇，
　　　试问前途在何方，
　　　苍天邈（miǎo）邈路茫茫。

　　"我难道注定就要这样一直毫无道理地遭到惩罚吗？等着我的还会有什么新的痛苦和失望呢？

　　"当我们进入主人家的院子时，让我吃惊的是，我竟然看到了阿拉德·古拉。他把我扶下马，和我热情地拥抱，就像我们是一对失散很久的兄弟。

　　"跟着他走的时候，我要像所有奴隶跟随主人那样走在他身后，但是他无论如何也不答应。他把手搭在我的肩上说：'我到处找你，

一生的经历告诉我：工作的确是我最好的朋友。

在几乎绝望的时候我遇到了斯瓦提斯，她告诉我你被借贷商人带走了，于是，我又通过借贷商人找到了买你的贵族主人。你的主人很难缠，最后我只好出高价买下你，不过我觉得这很值。你的敬业精神和人生哲学给了我很大的启发，它让我有了今天的成功。'

"'那是美吉多的人生哲学，不是我的。'我打断他的话说道。

"'是美吉多的，也是你的。我得感谢你们俩。我们现在要去大马士革，我需要你做我的合伙人。'

"'看！'他大声说道，'你马上就自由了！'他从衣服里拿出一块刻有我名字的泥石板，把它高高举起，然后重重地摔在地上。他还在碎块上踩了几脚，把它踩得粉碎。

"感激的泪水噙满了我的眼眶。那一刻，我感觉我是全巴比伦最幸运的人。

"我对哈丹·古拉说：'在我最无助的时候，工作毫无疑问成了我最好的朋友。辛勤的劳作使我逃脱了被卖去修城墙的厄运。这给你祖父留下了深刻的印象，所以他决定选择我做他的合伙人。'

"这时，哈丹·古拉问：'难道工作就是我祖父富有起来的秘诀吗？'

"'我最初认识他时，那的确就是他唯一的秘诀，'我回答道，'你祖父很喜欢工作。众神欣赏他的这种敬业精神，也给了他丰厚的回报。'

"'我明白了，'哈丹·古拉若有所思地说，'他的勤奋和因此而获得的成功，吸引了许多人成为他的朋友。工作为他带来了荣誉，使他能在大马士革尽享荣华富贵。工作给了他所有令我景仰的成就，

而在以前，我却认为只有奴隶才应该工作。'

　　"我对哈丹·古拉说道：'生活是丰富多彩的，其中有许多欢乐可以供人们享受，每一种欢乐都有它的道理。我很高兴奴隶没有被剥夺工作这最重要的东西，不然我就与所有的快乐无缘了。能给我带来快乐的东西有很多，但是没有什么东西能代替工作对我的意义。'

　　"'我一直希望自己能成为像我祖父那样的人，'哈丹·古拉对我说，'我以前从来没有真正认识到祖父是一个什么样的人。今天你让我看清楚了。现在我明白了，也比以前更尊敬他了，更下定决心想成为像他那样的人。你今天把他成功的秘密告诉了我，这一恩情看来我是无以回报了。从今天起，我就要运用他的秘诀，像他那样从最普通的工作开始干，工作能让我找一个比贪恋珠宝和华丽衣服更好的，真正属于我的位置。'

　　"哈丹·古拉没有食言，和他祖父一样，他是个意志坚定的人。一旦他发现了自己的缺陷，并且知道了自己的方向，他就会毫不犹豫地坚持下去。他现在做得很好，已经是一名出色的商人了。可以预见，他会有一个美好的未来，因为他像我一样，也像所有从贫穷走向富有的人一样，知道了工作的重要性，并努力践行。

　　"我的故事讲完了，谢谢大家，谢谢阿卡德先生。"

　　在学生们热烈的掌声中，沙路·纳达结束了他的讲述。

　　阿卡德站起来说道："我们真得好好谢谢纳达先生，他出色的演讲把我们今天的主题阐述得淋漓尽致。要想获得成功，就必须努力工作，故事中的海盗、扎巴罗的命运在刚开始时与纳达和美吉多先生是一样的，但是，幸福女神没有垂青他们，而只是赐予了纳达和美吉多好运。这也又一次验证了前几课我讲到的东西——自助者天助之。海盗、扎巴罗首先放弃了努力，然后命运才遗弃了他们。纳达和美吉多抱着正确的人生哲学，不论境况如何艰苦，他们也没有放弃，所以他们成功了。既然工作能救他们于艰险，我的朋友们，你们现在的处境比他们好多了，难道工作不会给你们带来福音吗？"

10

勇于行动
Take action bravely

第十章 / Chapter Ten

"我亲爱的朋友们，今天我们将来讨论最后一个问题，之所以把这个问题放在最后，并不是说它最不重要，相反，它是我们上面讲到过的所有法则能够顺利实施的核心保证。这个问题是——勇于行动。"在最后一天的课上，阿卡德这样说道。

　　"让我们从我的经历中曾提到过的'幸运'一词，开始今天的话题吧。我们都知道这样一句谚语：'如果一个人走运的话，那么他的好运就会无处不在。即使把他扔到幼发拉底河里，他也会从河里捞

一个人走运的话，他的好运就会无处不在。怎样才能让自己成为一个幸运的人呢?

上一把珍珠游上岸来。'

"人人都希望自己能得到好运，希望无常的幸运女神常伴左右。那么，有没有什么方法可以让我们能经常碰到她，不仅能引起她的注意，而且能得到她慷慨的惠赠呢？

"有谁愿意就这个问题说一下自己的看法？"

一个高个子织布工犹豫了一下，然后站起身来，对大家说道："今天我很幸运，我在路上捡到了一个钱包，里面有一些金币。在来听课的路上，我在想，要是阿卡德先生能告诉我什么方法，让我这样的好运一直保持下去，那该多好。当我听到阿卡德先生说这堂课将讨论运气时，我太高兴了。"

"这是一个很好的开始，"阿卡德说道，"这位朋友的经历很值得我们讨论。对有些人来说，好运只是偶然发生的事情，没有任何理由和先兆。而有些人则坚信好运是慷慨的阿什塔女神的恩赐，她总是喜欢给那些讨她欢心的人带去丰厚的礼物。我的朋友们，你们说大家是不是需要讨论一下用什么办法才能得到幸运女神的赏识呢？"

"对啊，当然是啊！知道得越多越好！"大家一下子兴奋起来了。阿卡德继续说道："在开始讨论之前，让我们先听听还有没有别的人像刚才那个织布工一样，没有付出半点努力就幸运地得到过钱财或是珠宝？"

人群中一时鸦雀无声，大家似乎都在期待听到下一个人的奇遇。但是，过了好长一段时间，没有一个人发言。

"什么，一个都没有吗？"阿卡德说道，"这样看来，这种好运实在是罕见。那么又有谁有什么好的建议，能告诉我们可以到哪里去找到这种好运吗？"

"我有一个建议，"一个穿着入时的年轻人站起来说，"当一个人谈到运气时，难道他的思绪不会自然而然地想到牌桌吗？那些上赌局的人，哪一个不是希望能得到幸运女神的青睐（lài），赐予自己财富呢？"

当他说完后，人群中一个声音说道："别停下来！接着说下去，告诉我们你是否在赌局中得到过幸运女神的青睐呢？她是否曾经让所有的骰（tóu）子全都红色朝上，让你的钱包里塞满了庄家的钱，或者让所有的骰子全都蓝色朝上，让你输了个底儿朝天，失去那些辛苦赚来的血汗钱呢？"

年轻人脸上露出了随和的微笑，然后说："我不得不承认，她似乎从来就没有发现过我在哪。但是你们呢？有

如何才能让幸运之神一直垂青于我呢？

没有谁曾遇到过她在那里专门帮你们转骰子吗？我们很想听听这方面的经验，还想学上几招呢。"

"真是个很好的开始，"阿卡德接着年轻人的话说道，"我们在这里就是要全面、透彻地考察每一个问题。既然说到运气，如果忽略了赌局，我们就会漏掉一个大多数人都感兴趣的东西，大多数人都希望能靠运气用几个小钱赢回一大堆金子来。"

"这不禁让我想起了前不久的那次赛马，"另一个听众说，"如果幸运女神经常光顾赌场的话，她当然也不会漏掉赛马，那里金光闪闪的车子和口吐白沫的骏马比牌局更令人兴奋。阿卡德，请你坦白地告诉我们，幸运女神是不是指点你把赌注下在那些从尼尼微运来的灰色马身上？当时我就在你身后，当你下注的时候，我几乎不能相信自己的耳朵。我们大家都知道，整个亚述没有任何马能击败我们心爱的赤兔马。

"幸运女神是不是悄悄地告诉过你，要在灰色马身上下注，因为说不定在最后一圈时，内侧的黑色马会被绊倒，从而影响了赤兔马的速度，这样就让灰色马捡了个便宜，赢得比赛了？"

阿卡德微笑地看着这个风趣的人，说道："人们为什么会觉得幸运女神对赛马有这么大的兴趣呢？在我看来，她是一位仁慈高贵的女神，总是给那些有需要的人以帮助，给辛勤工作的人以应得的回报。我总是喜欢在另外一些有意义的地方，而不是在牌桌或赛马场上寻找她。

"在耕种土地、诚实地做生意和其他的工作中，人们都能凭自己的劳动和努力来赚钱。也许，人们并不总是能够事事如愿，如期得到回报，因为有时他们的判断也会出错，而在另外一些时候，狂风和恶劣的气候也可能会让他们的努力付之东流。但是，只要他们能够持之以恒地坚持下去，总有一天会得到自己应得的利润。因为获利的机会总是垂青于这种人。

"但是，当一个人在赌博的时候，情况就完全倒过来了，赢利的机会总是和他擦肩而过，而时时偏向庄家。赌博，自从被发明的那一天起，就一直是有利于庄家的一种游戏。那些庄家就是以此谋生

好多人都希望能在赌博或赛马这种输多赢少的事情上寻找幸运女神，而没有看到自己实际上是被魔鬼拽在手中。

的，他们的利润就是赌徒输掉的钱。大多数赌徒都不清楚这一点：不论如何，庄家总是赢定了的，而赌徒自己却只能是输赢不定。

"就拿掷骰子来说吧。每一次掷骰子时，我们都会赌骰子有几点。如果骰子红色一面朝上，庄家就赔给我们 4 倍于赌注的钱。但是如果骰子的其他面朝上，我们就输了。也就是说，每掷一次骰子，我们有 5 次输的机会，但是由于红色一面朝上时我们可以得到 4 倍于赌本的钱，所以我们有 4 次赢的机会。一晚赌下来，庄家有很大可能赢到赌注总数的五分之一。在这种赌徒注定输掉五分之一赌注的情况下，他又如何不断地赢钱呢？"

"可是，确实有人在牌桌上赢过很多钱啊，这又怎么解释呢？"他的一个学生不解地问。

"不错，的确有这样的事，"阿卡德继续说道，"不过，有一点请大家一定要注意，那就是：用这种方法，是否能给有赌运的人带来稳固的财富。我认识许多巴比伦的成功者，据我所知，没有一个是靠赌博而发达的。

"你们一定也认识许多重要的人物。我很想知道他们中有多少人是从赌桌上起家而获得成功的。你们有谁来说说看，怎么样？"

在大家一阵长时间的沉寂过后，一个小丑鼓起勇气说："赌场的庄家能算吗？"

"如果你们实在想不出其他人的话，也就只能是他了。"阿卡德回答道。"如果真是一个也想不出，那么你们自己呢？有谁是靠赌博致富了呢？在座的有没有牌桌上的常胜将军？别不好意思承认你们财富的来源。"他话音一落，全场哗然，大厅里顿时笑声一片。

"看来，我们并没有在这些幸运女神经常光顾的地方碰到过好运气，"他继续说道，"我们不能指望有那么好的运气，能经常在路上捡到钱包，希望成为赌场上的常胜将军也是不怎么现实的。至于赛马，我不得不承认在那上面输掉的钱远比赢得的钱多。

　　"既然如此，那么不妨让我们来看看其他地方的情形。让我们来看看在自己的生意中能不能碰到好运。如果我们做成了一笔利润丰厚的生意，会自然而然地认为这是我们努力工作的回报，而不是走了运。可我却倾向于认为这种看法忽略了幸运女神的恩赐。可能就在我们不相信她的慷慨时，她倒真的给予了我们帮助。对此，有没有谁愿意进一步说一下自己的看法？"

　　这时，一个上了年纪的商人站起来，整了整他漂亮的白色长袍，说："尊贵的阿卡德，还有我的朋友们，请允许我说两句。正像你刚才所说的，我们之所以在自己的行业里能小有成功，是我们自己出了力，那么何不谈谈我们几乎到手却失之交臂的获巨利的成功机会？假如这些机会真的实现，那将是罕见的好运。但由于这些机会最后没有实现，因此不能说我们得到了合理的报酬。"

　　"说得好，"阿卡德表示赞同，"你们当中谁有过让到手的好运溜走了的经历呢？"

　　人群中好多人都举起了手，其中就有刚才发言的那个商人。于是，阿卡德示意他说："既然你提出了这个问题，就让我们先来听听你的故事吧。"

　　"我很高兴能在这里说一说我的故事，"商人重新开始说道，"我的这个故事再形象不过地说明了好运可以多么地靠近我们，而我们又是多么无知地让它溜走了，结果给我们带来了巨大的损失和无尽的悔恨。

"许多年以前，当时我还很年轻，刚结婚，生意一开始就比较顺利。一天，我父亲找到我，极力劝说我进行一项投资。他一个好朋友的儿子看中了离我们城市很远的一块地，它的地势高出运河很多，水无论如何也淹不到那里。

"我父亲朋友的儿子准备出资买下那块土地，在那里修建三个巨大的水车，用牛拉动，把水提升到那块肥沃的土地上去。等这些工作完成之后，就把这些地分成小块，转手卖给城里人。

"我父亲朋友的儿子没有足够的资金来实现这一计划，和我一样，他也是一个收入还不错的年轻人。他的父亲和我父亲一样也拥有一个大家庭和些许积蓄。因此，他决定邀请其他一些人共同出资来一起实现这个计划，结果一共召集了 12 个人，这些人都有自己固定的收入，并且同意将其中的十分之一拿出来投资，直到攒到足够的钱买下那片土地。然后，将按照每个人出资的比例分红。

"'我的儿子，'我父亲对我说，'你现在已经是个成年人了，我非常希望你能为自己挣得一份有价值的地产，好让自己成为一个受尊重的人。我希望自己以前的那些无谓的教训能够给你一些帮助。'

"'我也非常希望能从您那里得到指导，我的父亲。'我回答道。

"'那么，这就是我的建议：做我在你这个年纪应该做而没有做的事，从你的收入里拿出十分之一来进行明智的投资。这样它将带给你意想不到的收入，当你到我这个岁数之前就能拥有属于自己的一份地产了。'

"'你说得很有道理，我的父亲。我也确实很想得到财富，但是现在我还有好多其他事情需要花钱。在这件事情上，我有点犹豫，我看还是以后再说吧。我还年轻，以后有的是机会。'

"'我在你这个时候也是这样想的，但是，看看现在，多少年过去了，我还没有开始行动。'

"'现在时代不同了，父亲。我是不会重蹈覆辙的。'"

"'机会就在你面前，我的孩子。它是可以让你发达的千载难逢的良机。我希望你不要犹豫了。明天就去找我朋友的儿子，拿出你收入的十分之一与他合伙，和他商量让你也加入他的计划。明天一大早就立即动身，机会不等人啊。现在还来得及，但它很快就会溜走的，千万别再拖延，抓住它！'

"虽然我父亲一再催我做出决定，我还在犹豫不决。就在这时，有商人从东方贩过来一些漂亮的新衣服，它们是那样的光彩夺目，我和妻子立刻被它们吸引住了，每人都想买上一件。而如果我去合伙投资的话，我们这个愿望就不能实现了，而且还要放弃许多其他诱人的乐趣。就这样，我迟迟没有下定决心，直到后来终于来不及了。而接下来的事让我追悔不已，合伙投资的丰厚回报超出了任何人的想象。这就是我的故事，我就这样让到手的好运白白溜走了。"

"在这个故事中，我们可以看到，好运只垂青那些能抓住机会的人。"一个来自沙漠、肤色黝（yǒu）黑的人评论道，"要想创建自己的事业、获得财富就得从头做起。而这个开始很可能就是一个人从自己的收入中拿出来进行投资的几个金币或银币。我是一个牧场主，有很多牲畜。我从小就开始放牧，那时我用一个银币买了一头小牛。

机会无处不在，就看你自己如何去把握。

而这头小牛就是我所有财富的开端，它对我来说意义重大。

"为积累财富而采取的第一次行动，对每个人来说就是好运。对所有人来说，最开始的行动总是非常重要的，因为它使一个人从靠双手赚钱转变成利用财富获利。有些人在年轻时就开始这样做，这样，他们成功的机会就要远比那些迟迟不行动或者根本没有想到过行动的人要大得多。

"如果我们的朋友，那位商人，在他年轻时能抓住那次机会，他现在就会拥有更多的财富。如果今天那位走运的织布工，从现在迈出他的第一步，用他得到的财富去投资，从此以后他肯定会得到更大的好运。

"谢谢你！我也想说几句，"一个来自外国的陌生人站了起来，"我是个叙利亚人，你们这里的话我讲得还不是很好。我想为这位商人朋友起一个绰号，这个绰号可能不大礼貌。但是我不知道用你们的语言应该怎样表达，用叙利亚语说出来，可能你们又听不懂。所以，有没有谁能告诉我你们是怎么称呼这种人的？他们连那些对自己很有好处的事情也老是拖着不去做。"

"拖延者。"人群中的一个声音说道。

"对，就是这个词，"叙利亚人挥舞着手臂兴奋地大声嚷道，"当机会到来的时候，他不是主动去抓住它，而是在等待，推说自己眼下有很多事要做。要是这样下去，我告诉你们，幸运女神可没有耐心去等这种慢吞吞的家伙。她认为如果一个人要想获得好运的话，就必须立刻行动。当机会到来时，任何不立刻采取行动的人都会像我们的这位商人朋友—— 一个地道的拖延者——那样坐失良机。"

幸运女神只垂青那些能抓住机会的人。

　　在人们的一阵哄笑声中，那位商人站起身来，友好地向那个叙利亚人鞠了一躬，说道："我很敬佩您说话时的坦白，在我们这儿很少见。"

　　"现在，让我们来看看有没有别的关于机会的故事。谁能再说说自己的经历？”阿卡德问道。

"我来试试。"一个穿着红色长衫的中年人说道：

"我是一个牲口贩子，主要做骆驼和马匹生意，偶尔也做一些绵羊和山羊的买卖。机会在我最意想不到的一个晚上突然降临了。可能正是因为如此，我又让它溜走了。这到底是怎么一回事，还是让大家听听我的讲述吧。

"有一次，我在外面找了10天骆驼而一无所获，当我怀着沮丧的心情来到城门口时，又懊恼地发现城门已经关了。我们的食物已经所剩无几了，而且一滴水也没有了。我只得让奴隶们搭起帐篷来准备就地过夜，看来只得度过一个又饥又渴的夜晚了。就在这个时候，我碰到了一个上了年纪的农场主，他和我们一样被关在城门外了。

"'尊敬的先生，'他对我说，'看样子，你是个牲口贩子。如果真是这样的话，我愿意卖给你一群很好的羊，我刚好把它们赶来了。唉，我可怜的老伴得了重病，正躺在床上高烧不止。我必须尽快赶回去。你买了我的羊，我就可以和我的奴隶们骑着骆驼马上回家了。'

"当时天很黑，我根本看不清他的羊群，但是从羊的叫声来判断这是很大一群羊。我已经浪费了10天时间了，所以现在很愿意跟他谈这笔生意。他正着急要赶回家，价钱肯定好商量。于是，我十分高兴地同意了这笔生意，盘算着明天一早，我的奴隶们就可以把羊群赶进城里，可以好好地赚上一笔。

"生意谈妥了，我让奴隶们拿着火把去清点羊群的数目，据那农场主说一共有 900 只。我的朋友们，我不想过多地在这里给你们讲述当时那乱哄哄的场面，以及我们是如何清点那么多渴极了而且乱哄哄的羊，免得让你们生厌。总之，在一阵忙乱之后，结果证明那是一件根本不可能完成的任务。所以，我就生硬地对农夫说，得等到天亮以后清点完这些羊后，才能付钱给他。

"'我请求你，尊敬的先生，'他恳求我说，'要不这样，你先付给我三分之二的钱，我急着要赶路。我可以把我最聪明的奴隶留在这儿，他受过教育而且很可靠。明天早上等你清点无误后，把余下的钱给他，你看行不行。'

"我也搞不清楚当时自己为什么那么固执，坚决拒绝在那天晚上把钱给他。第二天一早，我还没有醒来，城门就开了，有四个牲口贩子急匆匆地跑出来寻找货源，最后他们用高价

发现机会就要立即行动，不要让拖延的习惯支配我们。

买下了农夫的那群羊，因为听说城市即将被围困，而城里根本没有多少食物了。他们最后交易的价格几乎是我前一天晚上敲定的三倍。就这样，多么好的机会就从我手中溜走了。"

"这真是一个不一般的故事，"阿卡德说，"它说明了一个什么道理呢？"

"它说明了当我们遇到一笔好交易时，就应该立即付钱，就是这个道理。"一个上了年纪的制鞍匠说，"善变是人类的天性，因此，一旦碰到了一笔好生意，就要努力抵制我们自身的这一弱点。我敢说，我们的这种弱点，大多数时候都会把好事弄糟。人们总是这样，在做出错误的选择后，往往会固执地坚持；而在做出正确的选择时，却又让机会轻易地溜走了。我的第一次判断总是最正确的。但是，我却常常无法使自己坚持下去，完成一笔上好交易。所以，为了克服自身的这一弱点，在我后来的生意中，我总是先付定金。这的确让我少了很多后悔和遗憾。"

"谢谢你！我还要说两句，"那个叙利亚人又一次站了起来，"不幸的故事总是很相似的，人们总是因为同样的原因而痛失到手的机会。幸运女神总是带着好运来到拖延者跟前，而每一次这些人都犹豫不决，他们从不说'太好了，机会来了，我得赶快行动'。老是这样做事，又怎么能获得成功呢？"

"你的话很有道理，我的朋友，"牲口贩子说道，"在这两个故事里，好运气都因拖延而丢掉了。不过，发生这种事一点也不稀奇。所有人身上都有一种惰性，喜欢拖拖拉拉。我们渴望得到财富，但是当机会来到时，我们自身的惰性常常就在那个时候兴风作浪了，给我们找出种种推脱的借口。我们听命于这些借口，这样一来，我们就成了自己最大的敌人。

"我年轻时，并不知道这位叙利亚的朋友所说的'拖延者'这个词。我开始一直以为是自己糟糕的判断力使我失去了很多有利可图的生意。后来，我又把这归罪于我的固执。直到最后，我才意识到自己老是让机会溜走的真正原因——在需要及时而果断地采取行动的时候，我却常常毫无必要地拖延，这成了我的习惯。当我明白了事实的真相后，我真是不知道有多么恨这个坏习惯，于是，我发誓要消灭这个阻碍我成功的敌人。"

"谢谢你！我想问刚才的那位商人先生一个问题，"叙利亚人说道，"你穿着体面，不像是个穷人。你说话的时候也像个成功的人。请告诉我们，你现在还听从惰性的指挥吗？"

"就像我们的

好运来到拖延者面前，也会白白溜走。

朋友，那位牲口贩子一样，我也慢慢地认识到了惰性的危害，而且征服了它，"商人回答说，"对我来说，它真是个危险的敌人，它总是潜伏在某个地方，随时伺机破坏我的成功。我刚才所讲的故事只是惰性害得我失去机会的众多例子中的一个罢了。不过，只要一个人认识到了它的危害性，就不难克服它了。没有人情愿让盗贼抢走他的粮食。同样，也没有哪个人愿意让任何敌人赶走他的客户，拿走他的利润。一旦我意识到惰性就是破坏我生意的罪魁（kuí）祸首之后，就立刻下决心去征服它。所以，任何一个想要分享巴比伦富饶财富的人都应该首先学会克服自己的惰性。

"你觉得我们说的这些有道理吗，阿卡德？你是巴比伦最富有的人，大家都认为你是这里最幸运的人。在这个问题上你最有发言权，你是不是也同意我的看法，一个人除非战胜了自身的惰性，否则就不可能获得最大的成功？"

"你说得很对，"阿卡德回答道，"在过去漫长的日子里，我看着一代又一代人努力地通过做生意、研究科学和钻研学问来谋求成功。机会光临了所有这些人。有的人抓住了机会，稳步地走向自己最向往的目标，但大多数人都因为犹豫和多变而被抛在了后面。"

阿卡德转向了那个织布工，说道："听了大家的这番话，我今天幸运的朋友，你有何感想呢？"

"我看到生活中确实有各种各样的好运。我原来以为一个人不用花费任何努力就可以遇到好运。但现在，我意识到不劳而获并不能带来好运。要想引来好运，就必须把握机会。所以，我以后一定要好好努力，把握和利用好每一次机会。"

把握和利用好每一次机会。

　　"你说出了我们讨论的真理所在,"阿卡德说道,"我们发现好运往往是伴随着机会,而不是别的东西到来的。我们的这位商人朋友如果当时抓住了幸运女神放在他面前的机会,他就能获得巨大的好运。同样,我们那位贩牲口的朋友如果能在那天晚上及时买下那群羊,也能得到相当丰厚的利润。"

勇者胜

阿卡德总结道："我们在一起讨论是为了找到吸引好运降临的办法。我觉得我们已经非常顺利地找到了。前面的两个故事都说明了好运是和机会一起到来的。许多成功或失败的故事也能说明同样的真理，那就是：要得到好运，就要抓住机会。

"只有那些积极把握机会的人才能得到幸运女神的垂青，她总是乐于帮助那些能够得到她的欢心，也就是那些能够果断采取行动的人。

"行动将引导你实现热切渴望的成功，只有那些积极行动的人方能得到幸运女神的青睐。"

一生受用不尽的智慧

A lifetime's worth of wisdom

尾声 / The End

最后一天，阿卡德和伙伴们来到宫殿，一同接受巴比伦国王的接见。巴比伦国王盛赞了阿卡德的无私奉献，也对阿卡德的智慧表示欣赏。国王邀请阿卡德在今天的课后，回到王宫与国王共进晚宴。

天下没有不散的筵席。在最后的时刻，阿卡德向这几天相处的朋友们如是说：

"在和大家朝夕相处的日子里，我已经将我的致富法则倾囊相授，这些法则根据我人生的经验归纳而成，我将我经历的坎坷和辉煌，以及岁月积累的智慧都归纳进去了。就让这十大脱贫致富的法则帮助大家实现梦想吧。

"我亲爱的朋友们，到今天为止我能教给你们的东西都给你们了，让我稍微总结一下吧。

"我建议你们采纳阿尔加美什的智慧之言，告诫自己：'我要把收入的一部分留给自己。'每天早上起床时对自己说一遍，中午时再提醒自己一遍，晚上再说一遍。每天都这样提醒自己，直到你牢牢地记住了这句话。

"把这句话深深地刻在你的头脑里，让它占据你的整个思想。然后按照它的建议实际行动，从你的收入中拿出至少十分之一存起来。如果必要的话，还可以安排一下如何支配其余的收入。你首先务必要保证作为积蓄的那部分钱财的安全。很快，你就会感到拥有一些自己能支配的财富是一件多么让人愉快的事情。随着自己的财富越积越多，你将会更加兴奋。这是一种新的生活乐趣，它能令你激动不已，你也会有更大的动力去赚更多的钱。这样，当你的收入增加的时候，你能存下的钱不也就水涨船高了吗？

"其次就是要学着让你积累的财富为你效力，让财富成为你的奴隶，为你创造更多的财富。拿自己的积蓄进行投资的时候应该格外谨慎，尽量避免无谓的损失。高利贷并不是你的最佳选择，它就像海妖动人的歌声，随时可能将没有防备的人引向毁灭。

首先，把收入的十分之一存下来。

　　"向聪明的人征求建议，向那些每天与钱打交道的人请教，让他们帮助你避免犯我曾经将积蓄借给砖瓦匠阿兹莫的错误。安稳的少量回报比冒风险好得多。

　　"在你的有生之年尽量地享受生活。不要过于节俭，或者试图储蓄过多。如果在保持舒适生活的前提下你只能从收入中拿出十分之一作为积蓄，就拿这么多好了。根据你的收入来决定生活水平，不要让自己变成一个不敢花钱的吝啬鬼。人生如此美妙，有许多东西值得你去享受。

　　"诸位，想发财致富的人们，我要告诉你们，巴比伦的金子比你们梦想中的还要多得多。这些金子无穷无尽，你们赚的金子越多，

学会在有生之年尽量享受生活。

产生的金子也就越多，金子还会不断地再产生金子。这些金子多得数也数不清，大家分也分不完。

"诸位，勇往直前吧！按照这些致富法则，你们就会变得像我一样富有。

"诸位，我请求大家一件事，就是帮我将这些致富法则在合适的时候传授给其他人，越多越好，让我们伟大的国王的臣民们都能够分享这个荣耀，分享我们伟大的巴比伦的巨大财富。

"朋友们，请记住那些致富法则，不要因它们是如此简单而嘲笑，回去好好体会蕴含其中的智慧，并让它们在你身上散发光辉吧！愿好运常伴着你。再见，我的朋友。"

学生们对阿卡德表示了感谢，然后一一告辞了。有些人一言不发，因为他们缺乏想象力，不能理解阿卡德所说的一切。有些人面露嘲讽，认为像他这样富有的人一定不愿把自己的真本事公之于众。但是也有一些人的眼中流露出新的光芒。阿卡德话中的智慧深深地触动了他们早已干涩的灵魂，阿卡德、纳达、诺马瑟、达巴希尔、阿拉德·古拉的成功给了他们信心。他们知道，阿尔加美什之所以去找阿卡德，是因为他看到了一个辛勤努力的人，正从黑暗走向光明。当这个人找到光明的时候，已经有一个美好的位置在等着他了。一个人只有亲自体会到这一切的理财之道，并随时准备抓住机会，否则就找不到自己的位置。

致富十大法则

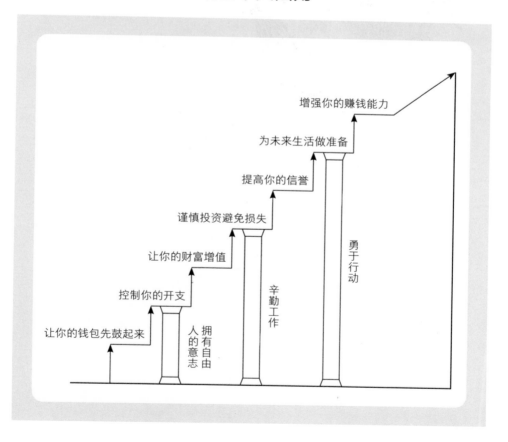

增强你的赚钱能力

为未来生活做准备

提高你的信誉

谨慎投资避免损失

让你的财富增值

控制你的开支

让你的钱包先鼓起来

人的意志

拥有自由

辛勤工作

勇于行动

最后这一类人在以后的日子里还常来向阿卡德请教，而阿卡德也很热情地接待他们，给他们指点，无偿地与他们分享自己的智慧，一如经验丰富的人总是乐于传授他人诀窍一样。阿卡德帮助他们进行安全且具有丰厚回报的投资，使他们免于赔本或卷入糟糕的生意。

因为践行了这些放之四海而皆准的致富法则，他们的人生从此产生了重大转机。

这些人生命的转折点就是从听到那个由阿尔加美什传授给阿卡德，又由阿卡德传授给他们的真理开始的。

亲爱的读者，当你读完这个故事之后，你会有些什么感受呢？你是半信半疑还是如梦初醒呢？你是继续抱怨还是赶快行动呢？你会怎样决断呢？

图书在版编目（CIP）数据

我的第一本财富启蒙书 /（美）乔治·克拉森著；
陈玮编译；刘兰峰绘 . -- 北京：新世界出版社，
2019.11（2023.8 重印）
ISBN 978-7-5104-6890-2

Ⅰ . ①我… Ⅱ . ①乔… ②陈… ③刘… Ⅲ . ①财务管
理—儿童读物 Ⅳ . ① TS976.15-49

中国版本图书馆 CIP 数据核字 (2019) 第 197296 号

我的第一本财富启蒙书

作　　　者：	[美] 乔治·克拉森
编 译 者：	陈　玮
责任编辑：	贾瑞娜
特约编辑：	韩　威
责任校对：	宣　慧
封面设计：	海　凝
版式设计：	王熙瑶
责任印制：	王宝根
出版发行：	新世界出版社
社　　　址：	北京西城区百万庄大街 24 号（100037）
发 行 部：	(010) 6899 5968　　(010) 6899 8705（传真）
总 编 室：	(010) 6899 5424　　(010) 6832 6679（传真）
	http://www.nwp.cn　　http://www.nwp.com.cn
版 权 部：	+8610 6899 6306
版权部电子信箱：	frank@nwp.com.cn
印　　　刷：	艺堂印刷（天津）有限公司
经　　　销：	新华书店
开　　　本：	710×1000　1/16
字　　　数：	200 千字　　印　张：11.75
版　　　次：	2019 年 11 月第 1 版　2023 年 8 月第 7 次印刷
书　　　号：	ISBN 978-7-5104-6890-2
定　　　价：	49.80 元